U0210714

海洋经济可持续发展丛书

中国海洋经济可持续发展
基础理论与实证研究系列

教育部人文社会科学重点研究基地重大项目（16JJD790021）
国家自然科学基金项目（41671119）

中国海洋经济可持续发展
的产业学视角

王泽宇 孙才志 韩增林 等 / 著

科学出版社

北京

内 容 简 介

产业经济学是现代西方经济学中分析现实经济问题的新兴应用经济理论体系。海洋产业经济学以海洋产业为研究对象，运用经济数据分析工具等方法对海洋产业的结构、产业组织与布局、产业发展政策等进行研究。本书基于海洋产业经济学的相关基础理论与研究方法，分别对海洋产业结构的变迁、海洋产业结构的优化水平、现代海洋产业体系成熟度及海洋产业经济发展进行实证研究，尝试探索海洋产业空间关联与布局模式，提出海洋产业转型升级与合理化布局的对策建议。

本书可为海洋产业经济学、海洋产业组织与布局、海洋区域规划、海洋区域政策等方面的决策者、研究者和管理人员提供参考，也可作为高等院校海洋地理类专业师生的参考用书。

图书在版编目（CIP）数据

中国海洋经济可持续发展的产业学视角 / 王泽宇等著. —北京：科学出版社，2018.3
　（海洋经济可持续发展丛书）
　ISBN 978-7-03-056855-7

Ⅰ. ①中… Ⅱ. ①王… Ⅲ. ①海洋经济-经济可持续发展-研究-中国
Ⅳ. ①P74

中国版本图书馆 CIP 数据核字（2018）第 048479 号

责任编辑：石　卉　乔艳茹 / 责任校对：孙婷婷
责任印制：李　彤 / 封面设计：有道文化

科 学 出 版 社 出版
北京东黄城根北街 16 号
邮政编码：100717
http://www.sciencep.com

北京凌奇印刷有限责任公司印刷
科学出版社发行　各地新华书店经销
*
2018 年 3 月第　一　版　　开本：720×1000　B5
2025 年 2 月第三次印刷　　印张：14 1/4
字数：227 000

定价：82.00 元
（如有印装质量问题，我社负责调换）

本书编委会

组　长　王泽宇

副组长　孙才志　韩增林　盖　美　李　博
　　　　柯丽娜

成　员（以姓氏笔画为序）

　　　　王焱熙　卢　函　孙　然　远　芳
　　　　张　震　陈　贺　林迎瑞　姜港港
　　　　姚春宇　徐　静　曹　坤　崔正丹
　　　　梁华罡

丛 书 序

　　浩瀚的海洋，被人们誉为生命的摇篮、资源的宝库，是全球生命保障系统的重要组成部分，与人类的生存、发展密切相关。目前，人类面临人口、资源、环境三大严峻问题，而开发利用海洋资源、合理布局海洋产业、保护海洋生态环境、实现海洋经济可持续发展是解决上述问题的重要途径。

　　2500 年前，古希腊海洋学者特米斯托克利（Themistocles）就预言："谁控制了海洋，谁就控制了一切。"这一论断成为 18～19 世纪海上霸权国家和海权论者最基本的信条。自 16 世纪地理大发现以来，海洋就被认为是"伟大的公路"。20 世纪以来，海洋作为全球生命保障系统的基本组成部分和人类可持续发展的宝贵财富而具有极为重要的战略价值，已为世人所普遍认同。

　　中国是一个海洋大国，拥有约 300 万平方千米的海洋国土，约为陆地国土面积的 1/3。大陆海岸线长约 1.84 万千米，500 平方米以上的海岛有 6500 多个，总面积约 8 万平方千米；岛屿岸线长约 1.4 万千米，其中约 430 个岛有常住人口。沿海水深在 200 米以内的大陆架面积有 140 多万平方千米，沿海潮间带滩涂面积有 2 万多平方千米。辽阔的海洋国土蕴藏着丰富的资源，其中，海洋生物物种约 20 000 种，海洋鱼类约 3000 种。我国滨海砂矿储量约 31 亿吨，浅海、滩涂总面积约 380 万公顷，0～15 米浅海面积约 12.4 万平方千米，按现有科学水平可进行人工养殖的水面约 260 万公顷。我国海域有 20 多个沉积盆地，面积近 70 万平方千米，石油资源量约 240 亿吨，天然气资源量约 14 亿立方米，还有大量的可燃冰资源，就石油资源来说，仅在南海就有近 800 亿吨油当量，相当于全国石油总量的 50%。我国沿海共有 160 多处海湾、400 多千米深水岸线、60 多处深水港址，适合建设港口来发展海洋运输。沿海地区共有 1500 多处旅游景观资源，适合发展海洋旅游业。此外，在国际海底区域我国还拥有分布在太平洋的 7.5 万平方千米多金属结核矿区，开发前景十分广阔。

虽然我国资源丰富，但我国也是一个人口大国，人均资源拥有量不高。据统计，我国人均矿产储量的潜在总值只有世界人均水平的 58%，35 种重要矿产资源的人均占有量只有世界人均水平的 60%，其中石油、铁矿只有世界人均水平的 11% 和 44%。我国土地、耕地、林地、水资源人均水平与世界人均水平相比差距更大。陆域经济的发展面临着自然资源禀赋与环境保护的双重压力，向海洋要资源、向海洋要空间，已经成为缓解我国当前及未来陆域资源紧张矛盾的战略方向。开发利用海洋，发展临港经济（港）、近海养殖与远洋捕捞（渔）、滨海旅游（景）、石油与天然气开发（油）、沿海滩涂合理利用（涂）、深海矿藏勘探与开发（矿）、海洋能源开发（能）、海洋装备制造（装）以及海水淡化（水）等海洋产业和海洋经济，是实现我国经济社会永续发展的重要选择。因此，开展对海洋经济可持续发展的研究，对实现我国全面、协调、可持续发展将提供有力的科学支撑。

经济地理学是研究人类地域经济系统的科学。目前，人类活动主要集聚在陆域，陆域的资源、环境等是人类生存的基础。由于人口的增长，陆域的资源、环境已经不能满足经济发展的需要，所以提出"向海洋进军"的口号。通过对全国海岸带和海涂资源的调查，我们认识到必须进行人海经济地域系统的研究，才能使经济地理学的理论体系和研究内容更加完善。辽宁师范大学在 20 世纪

70 年代提出把海洋经济地理作为主要研究方向,至今已有 40 多年的历史。在此期间,辽宁师范大学成立了专门的研究机构,完成了数十项包括国家自然科学基金、国家社会科学基金在内的研究项目,发表了 1000 余篇高水平科研论文。2002 年 7 月 4 日,教育部批准"辽宁师范大学海洋经济与可持续发展研究中心"为教育部人文社会科学重点研究基地,这标志着辽宁师范大学海洋经济的整体研究水平已经居于全国领先地位。

辽宁师范大学海洋经济与可持续发展研究中心的设立也为辽宁师范大学海洋经济地理研究搭建了一个更高、更好的研究平台,使该研究领域进入了新的发展阶段。近几年,我们紧密结合教育部基地建设目标要求,凝练研究方向、精炼研究队伍,希望使辽宁师范大学海洋经济与可持续发展研究中心真正成为国家级海洋经济研究领域的权威机构,并逐渐发展成为"区域海洋经济领域的新型智库"与"协同创新中心",成为服务国家和地方经济社会发展的海洋区域科学领域的学术研究基地、人才培养基地、技术交流和资料信息建设基地、咨询服务中心。目前,这些目标有的已经实现,有的正在逐步变为现实。经过多年的发展,辽宁师范大学海洋经济与可持续发展研究中心已经形成以下几个稳定的研究方向:①海洋资源开发与可持续发展研究;②海洋产业发展与布局研究;③海岸带海洋环境与经济的耦合关系研究;④沿海港口及城市经济研究;⑤海岸带海洋资源与环境的信息化研究。

党的十八大报告提出,要提高海洋资源开发能力,发展海洋经济,保护海洋生态环境,坚决维护国家海洋权益,建设海洋强国。当前,我国经济已发展成为高度依赖海洋的外向型经济,对海洋资源、空间的依赖程度大幅提高,今后,我国必将从海洋资源开发、海洋经济发展、海洋科技创新、海洋生态文明建设、海洋权益维护等多方面推动海洋强国建设。

"可上九天揽月,可下五洋捉鳖"是中国人民自古以来的梦想。"嫦娥"系列探月卫星、"蛟龙号"载人深潜器,都承载着华夏子孙的追求,书写着华夏子孙致力于实现中华民族伟大复兴的豪迈。我们坚信,探索海洋、开发海洋,同样会激荡中国人民振兴中华的壮志豪情。用中国人的智慧去开发海洋，用自主创新去建设家园，一定能够让河流山川与蔚蓝的大海一起延续五千年中华文明，书写出无愧于时代的宏伟篇章。

"海洋经济可持续发展丛书"专家委员会主任

辽宁师范大学校长、教授、博士生导师

韩增林

2017 年 3 月 27 日于辽宁师范大学

前　言

　　21 世纪是海洋世纪，全球范围的海洋经济正在作为一个整体迅速成长壮大，并影响着区域范围内的经济、政治、文化领域的变革进程。占地球表面面积近 3/4 的海洋作为人类的资源宝库，蕴含着各种各样的资源，且这部分资源尚未获得充分开发利用，这将对人类社会生存和可持续发展产生极为重要的影响。随着陆地人多地少的矛盾逐渐激化，资源匮乏以及环境破坏等问题的日益严峻，世界各国都将发展的重点转向海洋。因此，一场将海洋经济作为研究主题的"蓝色革命"在全球范围内开始兴起，各国都将海洋作为提高国际地位的一个关键因素。

　　海洋是中国可持续发展的重要基础。作为海洋大国的中国，领海面积 38 万平方千米，管辖海域面积约 300 万平方千米（杨金森，2006）。岸线总长度约 3.2 万千米，其中大陆岸线约 1.84 万千米；500 平方米以上的岛屿 6500 多个，总面积约 8 万平方千米（《中华人民共和国海岛保护法释义》编写组，2010）。富集的海洋资源对国家及区域经济增长起到了至关重要的物质支撑作用。据统计，海洋为全国提供了超过 1/5 的动物蛋白质食物、23% 的石油资源和 29% 的天然气资源（国家海洋发展战略研究所，2010），以及多种休闲娱乐和文化旅游资源。除此之外，中国近海有着多种海洋生物类型，聚集着丰富的物种，具有营养储存和循环、净化陆源污染物、保护岸线的功能，对人类的生存和发展有着不可替代的作用。海洋经济在中国国民经济发展中的战略地位越来越显著。党的十八大报告明确提出"提高海洋资源开发能力，发展海洋经济，保护海洋生态环境，坚决维护国家海洋权益，建设海洋强国"的战略目标；党的十九大报告明确要求"加快建设海洋强国"；"一带一路"倡议的提出加快了中国陆海统筹的进程，海洋产业的重要性与日俱增。随着海洋开发事业的不断推进，海洋产业有了惊人的发展，海洋经济成为国民经济的重要组成部分，海洋产业成为当今经济发展的重要增长点和动力源。但随着海洋开发活动的增多，海洋经济发展中的各种问题和矛盾也日益凸显，如海洋经济快速发展与地区海洋产业空间布局的矛盾性，存在明显的"区域优势差异"，在海洋产业布局过程中尚存在海洋主导产业、支柱产业及辅助产业定位不明晰的问题，各地区和各海洋产业部门之间的恶性竞争所引发的资源配置问题成为海洋经济发展的巨大挑战。因此，为科学规划海洋经济发展，合理开发利用海洋资源，保护海洋生态环境，深入贯彻执行陆海统筹战略，推动海洋强国建设，针对海洋产业经济发展的研究与海洋产业布局的调整和优化方案理应得到更多重视。

目前，在海洋产业发展理论方面，国内外尚无针对海洋产业的系统研究，有关海洋产业经济学方面的研究较少，相关研究集中在海洋产业内涵、海洋产业结构与布局、主导海洋产业和海洋产业发展战略等方面。缺乏对海洋产业经济学系统性的理论研究，且现存的研究方法比较单一，急需多样化的实证研究。随着国家和各地区对发展海洋经济重视程度的提高，海洋产业经济研究已成为我国海洋经济学、区域经济学研究的热门领域之一，主要集中在海洋产业结构与布局的内涵、意义等理论研究，海洋产业结构的演变规律、优化及影响因素研究，海洋产业集群与产业集聚研究，海洋产业竞争力研究，海洋新兴产业发展趋势研究，海洋产业发展战略研究等方面。总体而言，现有的实证研究尚缺乏时空序列的多尺度分析,多数文献只关注某两个年份或只关注某一个行政区,所得结论无法形成时间序列规律,更无法进行全国—省—地级市—县（区）的多尺度分析单元相互验证与逻辑循环嵌套；尚未关注产业结构变动与产业空间组织演进的互动研究,而这对于沿海城市海洋产业转型升级和空间有序、高效组织的协同演进非常重要；同时,现有研究未能统筹陆海联动发展和区域一体化进程中的城市或沿海城市群海洋产业空间组织的战略。鉴于此,本书综合运用经济地理学、区域经济学、产业经济学、统计学、计量经济学等多种学科的理论和方法,从海洋产业经济发展与布局的科学内涵、基本特征出发,对海洋产业经济学的理论进行系统梳理、详细阐述；在海洋经济调整背景下,对中国沿海 11 个省（自治区、直辖市）（不含港澳台）的海洋产业结构变迁与优化水平、现代海洋产业体系成熟度、海洋经济发展质量与海洋经济系统的稳定性进行测度评价,进而提出海洋产业合理布局的政策建议；对海洋产业空间关联与布局的模式及机制进行的理论探索,对于落实陆海统筹战略和相关政策的制定、促进海洋产业经济平稳健康发展具有一定的现实意义,对于我国沿海各省（自治区、直辖市）海洋产业结构调整与布局优化也具有一定的借鉴意义。本书确定了建设海洋经济强省和海洋强国的最佳路径,丰富了国内外海洋产业经济学研究的内容,在理论和实证上将海洋产业经济的研究推向纵深。

　　本书共十章。第一章为绪论,主要内容为研究背景与意义、国内外相关研究综述。第二章为海洋产业经济学概述,主要包括海洋经济、海洋产业、海洋产业结构、海洋产业集聚及海洋产业布局的基本概念,海洋产业结构相关理论,海洋产业布局相关理论,海洋产业竞争相关理论。第三章为海洋产业概述,包括主要海洋产业与海洋科研教育管理服务业的定义、发展现状及未来趋势。第四章为海洋产业经济学相关研究方法的详细介绍。第五至八章为中国海洋产业经济学实证研究,主要从中国海洋产业结构变迁、中国海洋产业结构优化、中国现代海洋产业体系成熟度、中国海洋产业经济发展等四个方面进行测度与深入分析。第九章为中国海洋产业空间关联与布局理论研究,主要阐述了海洋产业空间关联与布局的模式及形成机制。第十章为中国海洋产业组织与布局对策建议，主要通过前面第五至八章的一系列实证研究与理论探索，针对不同省（自治区、直辖市）提出相应的海洋产业经济发展策略。

本书由王泽宇、孙才志、韩增林合著。在撰写过程中，辽宁师范大学海洋经济与可持续发展研究中心硕士研究生徐静参与编写第一章、第二章、第四章第一节至第三节；远芳参与编写第三章、第四章第四节至第五节、第十章；梁华罡、孙然、崔正丹、张震、卢函、林迎瑞参与编写第五章至第九章；曹坤、王焱熙、姚春宇、姜港港、陈贺参与本书的校对工作；盖美、李博、柯丽娜在本书的数据资料收集方面提供了很多帮助，在此一并表示感谢。

本书涉及内容广泛，难免存在一些疏漏和不足之处，敬请广大读者批评指正。

王泽宇

2018 年 1 月

目　　录

第一章

绪　论

后金融危机时期，世界经济步入产业分工格局、贸易格局、世界经济重心与经济力量对比的调整与转型时代。各国纷纷制定经济政策和采取措施来调整、优化经济结构使其合理化，以适应各自生产力的发展水平。与此同时，中国经济从高速增长步入以中高速增长为标志的"新常态"，为主动适应"增速放缓、转型换挡、结构优化、全面提质"的海洋经济发展新常态，真正实现经济的提质增效，必然要改变以往以规模、速度为主的粗放型增长方式，积极发现和培育新的经济增长点。沿海地区是我国对外开放的门户，是经济与社会发展的重要空间，海洋经济的发展是我国新常态下加快转型升级的重要突破口。同时，中国（上海）自由贸易试验区（简称上海自贸区）建设、"一带一路"倡议必将为沿海地区进一步发挥海洋区位优势、调整产业结构、实现海洋产业优化升级，创造出前所未有的发展机遇。海洋经济必须抓住这一有利契机，构建现代海洋产业体系，用以创新、技术、质量为内涵的新增长点来替代传统发展模式，成为中国经济发展的新引擎。

第一节　研究背景与意义

一、研究背景

（一）国际背景

1. 海洋经济的战略地位和价值日益凸显

21 世纪是人类全面开发利用海洋的世纪。海洋自古以来就是人类生存和发展的重要空间，蕴含着丰富的海水资源、矿产资源、生物资源以及空间资源。海洋占地球表面积的比例达到 71%[1]，世界上约 80%的国家是沿海国家[2]，世界人口的 60%居住在距海岸 100 千米的沿海地区[3]。海洋是重要的战略资源，在

---

[1] 参见 https://baike.baidu.com/item/%E6%B5%B7%E6%B4%8B/523?fr= Aladdin[2018-01-15].

[2] 参见 https://zhidao.baidu.com/question/1859681533547511547.html[2018-01-15].

[3] 参见 https://zhidao.baidu.com/question/550090317.html?fr=iks&word=%D1%D8%BA%A3%B5%D8%C7%F8%B5%C4%C8%CB%BF%DA%CA%FD%C1%BF&ie=gbk[2018-01-15].

世界贸易和商业流通中发挥着交通要道的重要作用，还在解决当今世界食品短缺、人口爆炸、资源匮乏、环境恶化等一系列严重挑战人类生存与可持续发展的问题上发挥着举足轻重的作用。

世界海洋经济在全球经济发展中的重要战略地位日益凸显，尤其是沿海国家和地区表现得更为直接和突出。随着世界贸易逐渐打开市场，资源环境的附加价值越来越大、国际海洋竞争越发激烈、海洋科技的创新能力不断加强，全球海洋经济的发展已经进入新的时期。

当前海洋经济在世界经济中所占的比重逐渐加大，海洋经济正在成为世界经济发展的新增长点。经济合作与发展组织（OECD）于 2016 年 4 月 27 日发布的题为"2030 年海洋经济发展"的报告指出，基于经济合作与发展组织的海洋经济数据库值计算，2010 年全球海洋经济的价值（根据海洋基础工业对经济总产出量和就业的贡献计算）为 1.5 万亿美元，接近全球经济增加值（GVA）的 2.5%。报告指出，展望 2030 年，以"常规业务"为基础，总的来说，许多海洋基础工业增长水平将超过全球经济增长水平，在 2010~2030 年增加价值方面，海洋经济对全球增加值将翻番，超过 3 万亿美元。同时，2017 年 12 月 9 日，联合国副秘书长、联合国环境规划署执行主任索尔海姆在中国环境与发展国际合作委员会 2017 年年会的一个名为"全球海洋治理与生态文明"的分论坛上发言时称，实际上，现在全球海洋经济规模已可排到全球第七大经济体，预计，相比目前来说，在 2030 年之前，全球海洋经济规模将增长 3 倍。

2. 国际海洋经济竞争日趋激烈

人类的未来在海洋，社会与经济的可持续发展离不开海洋。为了抢占海洋时代的经济制高点，世界海洋国家纷纷调整海洋政策，把发展海洋经济作为本国发展的重大战略，不断开拓海洋产业发展新空间，海洋资源的合理开发利用已经逐渐成为世界所有沿海国家的基本政策，更有甚者，一些陆域资源匮乏的国家和地区将海洋产业作为国家支柱产业优先重点发展。

作为世界上制定海洋规划最早，也是最多的国家，美国的海洋战略涵盖了一系列海洋政策计划、海洋法律以及区域管理规划制度等内容，美国成为海洋事业中的领头羊和主力军。20 世纪 20 年代美国就开始开采沿海的各种资源，其中包括油气田等。到 1970 年，美国政府认识到海洋新的发展趋势，开始大力关注海洋产业的发展，相继开展了各类新兴海洋产业活动，如开发油气田、发展养殖业等。迄今为止，美国由外大陆生产的石油占全国产量的 1/5，天然气达 1/3，90%以上的国际贸易由海路运输。此外，为了使生活更加舒适，到目前为止，美国每年约有 1.8 亿人选择到临海城市旅行。海洋产业还给美国人提供了大量的就业机会，有将近 1/5 的人从事与海洋有关的工作（刁晓楠，2015）。在美国，海洋经济不是一种单一的经济，它同时影响着国家安全及国家的繁荣。自 20 世纪 60 年代开始，美国政府陆续出台《美国海洋学长期规划（1963—1972年）》《美国海洋行动计划》《21 世纪海洋蓝图》等海洋发展规划。《海岸带管理法》《海洋保护、研究和保护法》等涉海法律的颁布也使海洋战略在美国国家战略中的地位上升到前所未有的高度。

日本和韩国是亚洲海洋经济发展较优的两个国家。日本作为海岛国家，海洋掌握着国家的命运，2006 年《海洋政策大纲——寻求新的海洋立国》的制定和 2007 年《海洋基本法》的公布标志着日本构筑的海洋体制与机制已日趋完善。日本政府高度重视海洋战略，近年来提出了"海洋开发推进计划"，借助独特的海洋资源区位优势，发展海洋高端产业，其海洋高新科技产业世界领先。目前，日本已确定了产业集群建设的 19 个方面，形成多层次的区域海洋经济。韩国在 1996 年专门成立了海洋事务与渔业部，并出台《韩国 21 世纪海洋》国家战略，试图借助海洋的开发与利用来实现成为超级海洋强国的目标。

在欧洲，英国、法国等传统海洋大国早已开始自己的海洋战略规划。以近海丰富的油气和渔业资源立国的英国，在海洋资源保护、海洋科技建设等方面均有《北海石油与天然气：海岸规划指导方针》《英国海洋战略 2010—2025》《英国海洋管理、保护与使用法》等规划、法案的颁布；在 20 世纪通过开发北海油田以及海洋能源产业带动相关海洋产业的发展；同时，英国环境、食品与乡村事务部发布了《保护我们的海洋》研究报告，提出英国在海洋领域的目标是建设"清洁、健康、安全和富有生产力与生物多样性的海洋"。德国、法国等欧洲发达国家，更是将海洋产业作为支柱产业，带动其他产业快速发展，其国家经济很大一部分均依赖于海洋产业的发展，海洋产业具有很强的国际竞争力。

挪威是一个经济繁荣的中等发达国家。海洋产业被作为挪威的主要海洋支柱产业，主要包括海洋运输业等传统海洋产业。挪威参加了周边地区世界性的海洋科学技术合作研究计划，如挪威公司与欧洲公司合作的研究协会"尤里卡计划"（EUREKA）中的欧洲海洋研究计划，以增强挪威在欧洲的海洋强国地位。同时，挪威拥有完善的海洋科技投资私营机构，每年国内经济收入中几百亿挪威克朗都是由科学和工业研究基金会（SINTEF）在传统海洋产业部门方面的技术转让和成果产业化创造的。

至此，世界范围内各海洋大国愈加重视海洋发展战略，这说明海洋开发及海洋产业发展已成为一项具有广阔前景、不断扩大和发展的全球性宏伟事业。

3. 世界海洋经济大发展促使海洋产业结构调整进程加快

世界沿海各国政府不断提高对海洋的认识，随着海洋产业在世界经济中的比重越来越大，海洋产业结构调整也如火如荼。主要表现在以下四个方面。①海洋产业结构高级化。原始海洋产业的比重大大降低，以高新技术为支撑的海洋油气业、临港工业和以现代科学管理为基础的滨海旅游业、现代物流业和相关海洋服务业快速增长，逐渐成为现代海洋经济快速发展的主体产业，海洋产业结构高级化趋势越来越明显。②海洋产业结构合理化。美国、日本、英国、法国等传统海洋经济发达国家的海洋产业部门充分考虑经济系统、生态系统和社会系统的内在联系，建立起资源节约和综合利用型的产业结构，形成产业之间相互促进、共同发展的局面。③海洋产业发展科技化。海洋资源开发的深度和广度因为海洋高新科学技术的运用而大大拓展，海洋开发利用的效率也得到提升。这不仅使传统产业得到改造，更使新兴海洋工业（如海水淡化产业、海洋生物医药产业等）得到更好的发展。④海洋能源利用绿色化。目前，世界各国正经受世界能源危机和生态环境恶化的双重压力，充分认识到海洋能源利用绿色化的必要性，相继利用温差能、潮汐能、波浪能、盐差能和海流能等新能源扩充本国能源储备。

4. 科技创新推动海洋新兴产业不断发展壮大

海洋被认为是人类生存发展的第二空间，是科学和技术创新的重要舞台，是经济发展的重要支点，如何有效地实施海洋战略带动区域乃至国家的经济增长已成为沿海国家和地区发展强盛的重要战略问题。全球范围内海洋产业的发展有以下特点：①海洋产值增长迅速，预计 2020 年海洋产值将由 1980 年的 3400亿美元增长到 3.5 万亿美元，平均增速为 11%（秦聪聪，2015）。②在高新技术的推动下，海洋产业结构不断优化，临港工业、滨海旅游业、生产性海洋服务业等现代海洋产业发展迅猛。③海洋产业对高新技术依赖程度不断提高。发达国家的海洋科技一直保持优势地位，有效提高了海洋资源开发利用的效率。

如今，海洋被不断地开发、利用，海洋产业的门类不断得到细化，一些海洋产业成为催生战略性新兴产业的重要门类，如海洋高端制造业及海洋生物医药产业等，海洋产业将在今后的发展中依然处于至关重要的地位。

目前，海洋渔业、海洋交通运输业、滨海旅游业和海洋油气业等海洋产业已经形成规模，发展前景较好。与此同时，世界上的海洋经济逐步向现代海洋经济过渡，科技不断向海洋领域延伸，在海洋领域应用并获得发展，人类开发海洋资源的能力不断增强。以海洋探测、深海潜水、海洋可再生能源利用、海底采掘、海水综合利用、海洋生物基因工程等为标志的海洋高新技术取得重大突破。随着一些技术难题的解决，海洋资源开发利用成本降低、开发范围扩大、开发效率得到提高，海洋生物医药业、海水育苗及养殖产业、海水淡化和海水直接利用产业、海洋工程装备业、海洋工程建筑业、海洋可再生能源业等海洋新兴产业发展迅猛并初具规模，在优化海洋产业结构的同时也促进了海洋经济的发展。以现代技术为根基将是海洋经济发展的必然走向。

（二）国内背景

1. 一系列方针政策的出台推动中国海洋经济蓬勃发展

自 20 世纪 80 年代起，我国海洋事业蓬勃发展，国家对海洋经济发展更加重视，一系列积极有效的方针政策的出台使我国海洋经济总体上呈现出稳定向好的发展势头。20 世纪 90 年代制定完成的《中国海洋 21 世纪议程》，设立单独章程论述海洋经济产业及可持续发展。在《国民经济和社会发展第十一个五年规划纲要》中，第一章论及海洋空间资源战略规划，重点强调"强化海洋意识，维护海洋权益，保护海洋生态，开发海洋资源，实施海洋综合管理，促进海洋经济发展"。2002 年，党的十六大提出"实施海洋开发，搞好国土资源综合整治"战略规划；2003 年，国务院颁布了《全国海洋经济发展规划纲要》，指出建设海洋强国目标；2006 年底，胡锦涛同志在中央经济工作会议上重点强调"扶持海洋空间资源经济持续发展应该从资金和政策两方面上有所作为"；在《国家中长期科学和技术发展规划纲要（2006—2020 年）》中提出要"加快发展空天和海洋技术；海水淡化；海洋资源高效开发利用；海洋生态与环境保护"；2007 年，党的十七大报告中提出，"加快转变经济发展方式，推动产业结构优化升级；提升高新技术产业，发展信息、生物、新材料、航空航天、海

洋等产业",这充分说明了国家对海洋开发利用方面工作的高度重视;2008 年
2 月,国家海洋局发布的《国家海洋事业发展规划纲要》提出"要始终贯彻在
开发中保护、在保护中开发的方针,进一步规范海洋开发秩序。加强海洋环境
整治与陆源污染控制,加快实施以海洋环境容量为基础的总量控制制度,遏制
近岸海域污染恶化和生态破坏趋势。建立并完善全国海洋经济运行评估监测系
统,提高海洋经济增长质量,积极发展海洋产业,促进海洋经济又好又快发展。
加快全国海洋信息化建设,提高海洋环境预报水平和能力,切实增强防灾减灾
能力"。《国民经济和社会发展第十二个五年规划纲要》提出"科学规划海洋
经济发展,合理开发利用海洋资源,积极发展海洋油气、海洋运输、海洋渔业、
滨海旅游等产业,培育壮大海洋生物医药、海水综合利用、海洋工程装备制造
等新兴产业。加强海洋基础性、前瞻性、关键性技术研发,提高海洋科技水
平,增强海洋开发利用能力。深化港口岸线资源整合和优化港口布局。制定
实施海洋主体功能区规划,优化海洋经济空间布局"。党的十八大报告明确
提出"提高海洋资源开发能力,发展海洋经济,保护海洋生态环境,坚决维
护国家海洋权益,建设海洋强国"的战略目标。2015 年,《中共中央关于制定
国民经济和社会发展第十三个五年规划的建议》明确提出"拓展蓝色经济空
间。坚持陆海统筹,壮大海洋经济,科学开发海洋资源,保护海洋生态环境,
维护我国海洋权益,建设海洋强国",这也是我国未来五年海洋产业发展的
路线。习近平在中共中央政治局第八次集体学习时强调"提高海洋资源开发
能力,着力推动海洋经济向质量效益型转变"。因此,加快发展海洋产业,
促进海洋经济发展,对形成国民经济新的增长点,实现全面建设小康社会和
中华民族伟大复兴的目标具有重要意义。

沿海各省(自治区、直辖市)纷纷制定区域经济发展规划,国务院先后批
复了《辽宁沿海经济带发展规划》《天津滨海新区总体规划(2005—2020)》
《河北沿海地区发展规划》《黄河三角洲高效生态经济区发展规划》《山东半岛
蓝色经济区发展规划》《江苏沿海经济带发展规划》《上海市推进国际航运中
心建设条例》《浙江省海洋经济示范区发展规划》《广东省海洋经济综合试验
区发展规划》《广西北部湾经济区发展规划》《海南国际旅游岛建设发展规划
纲要(2010—2020)》等,这一系列重要举措对推动中国海洋经济快速、健康
和可持续发展具有重要作用。

2. 伴随海洋经济的发展，海洋产业逐渐成为我国国民经济的重要支柱

我国位于太平洋西岸，拥有约 1.84 万千米的大陆海岸线、约 1.4 万千米的海岛岸线、6500 多个面积达 500 平方米以上的海岛，以及约 300 万平方千米的海域管辖面积。中国拥有丰富的海洋资源类型：拥有约 12.4 万平方千米的浅海养殖面积；沿海吞吐量亿吨以上的港口有上海、天津等 14 个；我国已经发现的海洋生物种类达 2 万多种；我国近岸拥有约 240 亿吨的海洋石油资源量以及约 14 亿立方米的天然气资源量；滨海砂矿资源储量 31 亿吨；海洋可再生能源理论蕴藏量 6.3 亿千瓦；同时，我国有 1500 多处滨海旅游资源地址，适合发展滨海旅游业和海洋娱乐业。[①]海洋资源的开发和利用已经成为我国缓解资源困境、实施可持续发展战略的重要举措之一，也成为我国 21 世纪经济发展的又一个新的增长点。

海洋经济对沿海地区乃至中国国民经济发展的贡献越来越大。改革开放以来，我国海洋产业生产总值从 1986 年的 226 亿元增长到 2003 年突破 10 000 亿元，2006 年达到 18 408 亿元，占国内生产总值（GDP）的 4%，至 2016 年，沿海地区海洋生产总值达 70 507 亿元，比上年增长 6.8%占国内生产总值的 9.5%，多年平均增长率高于国民经济平均增长率。[②]不仅传统海洋产业如海洋渔业、滨海旅游业和海洋交通运输业等保持了稳定发展，而且以海洋电力、海洋生物医药、海洋工程建筑和海水利用等为代表的新兴产业增长也十分迅速。同时，海洋高科技对海洋经济的增长贡献率也不断提高，以海洋高新技术研究与开发为基础而发展起来的海洋高技术产业，带动了新型海洋空间资源产业的快速发展，形成一定的产业群，并且新型海洋空间资源产业在海洋资源经济中的地位逐步提高。以开发利用海洋资源为基础，以区位优势为依托的海洋产业促进了沿海地区经济带的快速形成和大力发展，有效协调沿海各地区海洋资源产业发展的紧密关系，实现各地区间海洋产业的合理布局，已成为我国经济发展战略规划中的重要组成部分。由此可见，海洋产业已经成为我国国民经济的重要支柱。

---

① 国和会课题组. 中国环境与发展国际合作委员会 2010 年年会（2010 年 11 月 10 日发布）.

② 数据来源于《2016 年中国海洋经济统计公报》。

3. 中国海洋产业发展不合理问题较为突出

虽然我国海洋经济建设已取得一定成绩，但随着海洋开发活动的增多，海洋经济发展中的各种问题和矛盾也日益突显，如 2016 年我国海洋产业产值仅占我国 GDP 的 9.5%，还不足世界海洋产值的 3%，低于世界平均水平的 4%，更远低于发达国家 15%~20%的水平（韩建，2013）；我国沿海地区的海洋产业布局混乱，资源配置不合理，雷同现象比较严重，不能分辨本地区的优势资源产业，盲目追求经济的发展，海洋经济的快速发展与地区海洋产业空间布局的矛盾性，存在明显的"区域优势差异"，在一定过程中使各沿海地区的海洋经济发展产生悬殊。主要表现在：沿海地区海洋第一产业主要集中在环渤海沿岸地区以及浙江至广东沿岸地段；85%以上的第二产业重点集中在辽东半岛、胶东半岛（天津—东营—烟台—青岛）、长江三角洲、珠江三角洲等岸段，而且主要集中在特大城市和大城市的市区。同时，海洋产业布局中尚存在海洋主导产业、支柱产业及辅助产业定位不明晰的问题，没有认识到各地区自身的优势资源产业及潜在海洋产业的能力，未能充分发挥海洋主导产业的带动和支柱产业的扶持作用，无法带动整个海洋产业的发展。各地区和各海洋产业部门之间的恶性竞争所引发的资源配置问题也成为海洋经济发展的巨大挑战。不合理的产业布局影响着海洋整体效益，不利于海洋经济的全面发展，甚至会引起一系列的社会和环境问题。

随着社会生产力水平的提高，海洋产业的内容日益丰富，人类开发利用海洋的活动正逐步由传统的"兴渔盐之利，行舟楫之便"向包括海洋油气资源开采、固体矿产资源开采、海水增养殖、滨海旅游、海水综合利用、海洋新能源开发等在内的现代海洋综合开发利用模式转变。但是，限于技术水平，目前大部分海洋产业活动仍需以陆地为空间载体，狭长的海岸带及其邻近海域成为各种海洋产业活动最为集中的区域，同时也成为各行各业利益冲突的焦点，不同行业在分配使用岸线、滩涂和浅海资源方面的矛盾越来越突出。

除了海洋产业内部各部门间存在用海冲突外，海洋产业与临海陆地产业之间的用海矛盾也逐渐显现，甚至沿海临近国家间对海洋开发利用的冲突也日趋激烈。随着经济全球化进程的加速，各国、各地区经济外向度不断提高，海洋尤其是港口作为城市与外界联系的窗口对城市经济的推动作用日益显著。为了充分利用临海和港口优势，城市建设越来越趋向于临海或临港布局，各种类型的临海产业带和临港工业区不断聚集，使得对海岸带及其邻近海域的争夺进一步加剧。

总的来说，在海洋经济对我国国民经济做出巨大贡献的同时，我们也应认识到在我国海洋产业发展过程中，海洋资源利用效率较低、海洋产业结构不均衡、海洋基础设施不完善、海洋环境遭到破坏、海洋科技水平低等问题，使我国海洋开发整体上还处于较低水平，海洋经济的国民经济占有率仍远远低于发达国家，新兴海洋产业发展也相当缓慢。在产业布局方面，仍存在着地区间产业雷同、主导产业不突出、高新技术海洋产业发展较慢等问题。这些问题如果不能得到有效解决，将不利于海洋产业的健康稳定发展，也会引发一系列的社会和环境问题。现代海洋产业的培育和发展，对于传统海洋产业转型升级，转变我国海洋经济发展方式，解决我国面临的经济社会和资源环境问题，实现海洋强国梦都具有重要意义，也将成为今后沿海地区海洋经济发展的主要方向。

在沿海区域经济发展过程中，海洋产业布局是非常重要的战略问题。合理的产业布局是海域使用整体功能与整体效益得到最大限度的发挥的前提条件。如果能够合理布局海洋产业，那么海洋开发所获得的效益就不是诸多海洋资源开发利用效益的简单相加，而是海洋资源综合开发整体效益。合理的海洋产业布局是发挥海洋功能价值和获得海域整体效益的最佳选择，是沿海区域经济发展的重要保证之一。因此，为规范沿海地区的海洋资源开发秩序，优化海洋开发格局，保护海洋生态环境，提高海洋经济发展质量，促进区域海洋产业整合，以陆海统筹战略为基础，全面且极具纵深性的海洋产业布局调整已经迫在眉睫。

4. 海洋产业经济学研究仍是海洋经济研究相对薄弱的领域之一

产业结构与布局问题始于 1826 年德国学者杜能的农业区位论，在接下来的近 200 年中，国外学者对产业结构与布局进行了多方面的研究，形成了众多学派，产生了许多新理论和新观点，著名的有韦伯（Weber）的工业区位论、克里斯塔勒（W. Christaller）的中心地理论，以及增长极理论、点轴理论、地理二元经济理论、新经济地理理论等。但是，长久以来受"重陆轻海"思想的束缚，陆地产业布局一直是研究者关注的重点，而缺乏对海洋产业结构与布局的研究。由于缺乏基础理论的有力支撑和对海洋产业结构与布局规律的正确认识，海洋产业经济学应用研究成果的可信度和科学性被大大削弱，导致海洋产业实践中存在着很大的盲目性和随意性。与此同时，海洋产业结构与布局中的一些不合理、不协调因素开始显现，这些不合理的因素既影响着中国海洋产业整体效益水平，也影响着中国海洋经济的全面发展，导致海洋产业结构水平较低、区域布局不够合理、海洋环境污染加重等问题不断涌现。加强海洋产业布局规划和协调，克服区域海洋经济发展的盲目性，实现海洋经济协调、有序、可持续发展，已变得十分紧迫。

长期以来国内海洋产业经济学的研究成果相对较少且研究范围较窄，多局限于应用研究，缺乏研究深度及系统性。相关领域的研究仍然存在某些不足之处，一是备选海洋产业种类和范围不够全面。随着海洋科学技术的发展，越来越多的新兴海洋产业进入我们的视野，而且已经产生了一定的经济效益，因此单独针对传统产业或新兴产业的布局并不能使海洋功能的发挥系统化、最大化。二是研究的内容过度集中在产业本身。产业的载体是沿海城市，在产业布局中应该着重考虑城市所具备的产业发展条件，使布局更具前瞻性和可持续性。因此，加强海洋产业结构与布局研究，尤其是基础理论研究及实证研究，探寻海洋产业结构与布局演化的一般规律，为海洋产业发展实践提供科学指导，已成为我国海洋经济学者义不容辞的责任。由此可见，重新审视海洋功能与海洋产业的匹配度，进行海洋经济功能整合，并根据海洋经济功能整合结果来确定海洋产业发展方向与经济发展目标，科学布局海洋产业，有助于谋求陆海系统各构成要素之间在结构和功能联系上保持相对平衡，这也将成为突破当前海洋经济发展瓶颈的关键。

二、研究意义

随着世界经济一体化的发展，海洋经济已经成为国民经济的重要组成部分和新的经济增长点，国家、地区间的海洋经济竞争也日益激烈，海洋产业的发展对于提升海洋经济实力具有重要意义。但是，当前关于我国海洋产业经济学的理论与实证研究仍存在许多不足之处。因此，本书以海洋产业为研究对象，对海洋产业经济学的相关概念及基础理论进行系统梳理，进而对沿海省（自治区、直辖市）的海洋产业发展进行实证研究，对于深入认识我国海洋产业发展状况、把握海洋经济发展规律和特点、解决陆海产业统筹发展中的突出问题，具有重要的理论意义和现实意义。

（一）理论意义

在产业结构方面，西方国家关于海洋产业结构理论的研究大多是从一个国家或地区的角度即宏观角度来探究产业结构演变规律和调整优化理论的，而对某一区域或行业等层面的产业结构研究较少；在产业布局方面，西方国家关于一般产业布局理论的研究开展较早，陆域产业布局理论体系已经成熟，但专门针对海洋产业布局的理论研究较少，目前尚未形成完整的理论框架体系，国外学者大多集中探讨某一海域的产业布局情况，将海洋产业发展置于长期的全球工业化背景下，研究交通运输、矿产资源、生物资源、休闲和海岸工程等部门的特点和组织形式，对海洋产业工业化过程进行整体评价，并从不同角度提出海洋产业模式。

中国目前对海洋产业经济学的研究仍处于摸索探讨阶段，主要集中在海洋产业概念与内涵、沿海省（自治区、直辖市）或大城市海洋产业结构演变趋势、产业结构优化及影响因素、海洋产业结构评价研究、区域海洋产业集群与产业集聚、海洋产业竞争力研究等方面，但尚未形成完整的理论和实践体系。

海洋产业处于一个具有独特地理属性且相对独立的地理单元，具有很多独特的产业属性，影响其发展的因素较其他产业更多、更复杂，其演变规律也不完全同于陆地产业。因此，如何综合运用区域经济学、产业经济学、经济地理学等，对沿海区域进行整体规划，重组海洋经济发展的空间布局，已成为海洋经济研究的新课题，对海洋产业经济学开展专门研究十分必要。本书旨在通过梳理海洋经济、海洋产业、海洋产业结构与海洋产业布局等概念及基础理论，总结已有海洋产业相关研究文献，综合运用经济地理学、区域经济学、产业经济学、统计学、计量经济学等多学科的理论与方法，探索区域海洋产业发展的评价理论与方法。在理论上，尝试如何把相对成熟的一般产业结构调整优化理论从宏观层面应用到中观层面——海洋产业结构领域，探索研究海洋产业结构的影响因素、演变规律和海洋产业结构调整优化的方法、原则。本书有助于推动海洋产业经济学的理论研究创新，具有一定的理论价值。

（二）现实意义

从海洋产业结构演进过程来看，海洋经济发达国家基本上都经历了由发展技术含量较低的海洋产业到发展高新技术海洋产业的过程。这些国家海洋产业的发展之所以能取得巨大成就，关键在于它们把握了海洋产业的发展规律，并依据这些规律制定了与海洋产业各个阶段发展相适应的产业政策,使海洋产业结构摆脱了落后的发展模式,实现国民经济的快速发展。

我国是发展中国家,人口压力巨大,经济结构复杂,如何实现经济和资源环境的可持续发展长期以来一直是关注的热点。改革开放以来沿海各地区积极发展海洋产业,凭借自身的海洋优势提高区域内城市化程度,并迅速成长为人口密集、经济发达的区域。人们对海洋认识的不断深化,海洋产业转型升级,关系到的不仅仅是人类自身的生存与发展,更重要的是如何调节人与自然之间的关系。如今海洋经济发展面临各种严峻的考验,海洋资源日益枯竭,海洋污染已到了必须治理的阶段,海洋产业不合理,转型升级遇到瓶颈,如何突破这些限制,使海洋经济可持续健康发展已成为重要问题被提上议程。因此,做好我国海洋产业发展综合评价分析,理清我国海洋产业结构的发展水平、变化趋势以及发展过程中遇到的问题,不仅有利于合理开发利用海洋资源,更好地提出解决方案优化海洋产业结构,同时还为我国能够较准确寻找到适合引领本国海洋经济发展的主导产业提供依据,为制定海洋保护计划、转变海洋经济发展方式、加快实现海洋强国阶段性的任务与目标提供有力的理论依托,进而促进我国海洋经济健康、和谐、有序、可持续发展。

第二节　国内外相关研究综述

随着海洋经济的发展,海洋产业对国民经济的贡献将越来越大,海洋产业发展研究成为海洋经济地理学最早的研究领域之一,国内外学者从不同角度进行了相关研究。

一、国外相关研究综述

从学科归属来看,海洋产业经济学属于产业经济学的研究范畴,它是产业经济学一般理论在海洋产业领域的应用和发展。产业经济学以产业为研究对象,主要包括产业结构、产业组织、产业发展、产业布局和产业政策等,探讨以工业化为中心的经济发展中产业之间的关系结构、产业内的企业组织结构变化的规律及内在的各种均衡问题等，通过研究为国家制定国民经济发展战略和产业政策提供经济理论依据。海洋产业经济学是从海洋产业的基本理论、海洋产业结构及其演进入手，研究海洋产业市场绩效、海洋产业关联、海洋产业结构优化、海洋产业布局、海洋产业政策、海洋开发规划和海洋产业可持续发展等问题。

1872 年，由英国爱丁堡大学博物学家汤姆逊担任队长的英国"挑战者号"调查船历时 4 年进行全球海洋调查，获得了大量原始资料，出版了 50 部著作，标志着人类对海洋研究进入了早期科学考察时代。1945 年，全球进入了现代海洋科学时代，涌现出大量优秀的海洋科研成果。美国、日本、英国、法国和苏联是较早对海洋经济、海洋产业进行相关研究的国家，同时也是目前该领域内科研水平较高的国家，对世界海洋经济、海洋产业学术发展产生较大影响。20世纪 60 年代以后，针对本国海洋经济、海洋产业领域的旺盛需求，这些国家相继建立了专门的海洋科研机构，通过专家学者们的潜心研究与完善的科研机制的相互促进，取得了一大批具有较大影响的成果。如 1976 年，美国国家海洋研究院制定了世界第一个海洋科学规划，第一次提出海洋资源的持续利用和有序发展，并把海洋科技发展提升到前所未有的高度。1984 年 6 月，由原法国南特海洋渔业科学技术研究所和法国国家海洋开发中心两个单位合并成立的法国国家海洋开发研究院，是该国国内唯一的专门从事海洋开发研究和规划的部门，肩负着制定国家海洋开发战略、环境和水质监测等职责。

除了国家层面的研究外，各国学者也取得了大量成果。1974 年，日本学者稻田任等所著的《日本海域开发战略》提出了日本海洋开发远景规划设想和基本推进方针报告，其中包括综合规划、产业规划和各种发展规划等；1975 年苏联的布尼基在《世界大洋经济学》一书中第一次从资源、空间、区域、规划、发展战略等方面对海洋经济进行全面阐述，该书于 1980 年 8 月被译成中文，并在中国引起巨大反响，掀起了中国海洋研究热；1982 年日本清光照夫和岩崎寿男所著的《水产经济学》对日本海洋捕捞业及养殖业的发展提出一系列战略构想；1988 年，加拿大 E. M. 鲍基斯所著的《海洋管理与联合国》从政治、经济角度提出世界各国联合开发海洋资源的构思，以及如何合理分配海洋资源、有效遏制海洋污染等问题。1994 年 11 月 16 日，《联合国海洋法公约》正式生效，它规定了各国管辖范围内外各种水域的法律地位，调整国家和国家之间、国家与组织之间海洋关系，引起了世界海洋格局的巨大变革，该学科从此进入空前繁荣时期。通过对现有文献的细致梳理，目前国外学者对海洋产业经济学研究的热点集中在以下几个领域。

1. 海岸带综合管理方面的研究

所谓海岸带综合管理（integrated coastal zone management，ICZM）是指在海陆交接特定区域内，由政府实施的科学、合理、以有效开发为目标的海洋管理模式。国外现有的相关研究主要集中在海岸带综合管理过程中的决策支持系统（DSS）和有关模型的创制等方面。目前，世界各地海岸带地区都有不同程度的开发，主要有自然资源开采、旅游资源开发、基础设施建设等，这些经济活动除了增加沿海地区 GDP 外，也给海岸带地区带来了诸多负面效应，如海洋资源过度开发、动植物栖息地遭到破坏等，因此有必要让政府行使海岸带综合管理的主导职能，对海洋开发给予全面科学的指导，对各项海岸带经济活动进行严格审批，对不符合环境政策的项目坚决予以取缔等。国外海岸带综合管理理论研究表明，为了预防海岸带生态环境恶化，保护海岸带生态环境和生物多样性，并实现开发利用海岸带资源的可持续化，有关部门必须通力协作，加强海岸带综合管理。

2. 海洋产业概念界定、内涵方面的研究

海洋产业是海洋经济发展的主题，对海洋经济的研究必须要落实到对海洋产业的研究上，因此，海洋产业的研究与海洋经济的研究是同时开始的。2000年美国在早期的海洋产业研究的基础之上，确定海洋产业的选择原则，并且结合了计量方法，对海洋产业进行了界定，认为海洋经济是由九个部门组成的，包括船舶制造、矿产、房地产、生物资源、交通运输、旅游和娱乐、海洋科学、建筑研究和技术开发活动。

3. 海洋产业理论方面的研究

西方学者深入剖析了宏观层面产业结构演变规律及调整优化理论，形成了成熟的理论体系。但西方学者对地区或行业等中观层面的研究相对较少，主要是对海洋产业进行了分类，并对具体各项产业的发展状况进行了研究。

2004 年，博思艾伦咨询公司编写了《澳大利亚海洋产业经济贡献：1995—2003 年》。该公司通过收集 1995～2003 年的数据，研究了澳大利亚的海洋产业，并选择增加值贡献率法测算海洋渔业、滨海旅游业、海水养殖业、港口产业以及海洋造船业等产业对该国国民经济的影响。Herrera 和 Hoagland（2006）

对捕鲸业进行研究，认为一个国家是否从事捕鲸业受到捕鲸业的租金、海洋生态与市场的关联，以及抵制力量的发展等方面的影响。Cho（2006）对海洋矿砂业进行有关产业可持续发展的研究，认为随着生态环境的破坏、海岸的侵蚀，公众和政府机构已经认识到海洋矿砂的价值。韩国政府已经开始推动海洋矿砂的可持续发展，对海洋矿砂的开采实行管理。Løvdal 和 Neumann（2011）评估了海洋能源产业，发现可再生能源具有巨大的市场前景，那些正在大规模开发波浪和潮汐能源技术的公司面对的最大的障碍是资金和方案需要政治支持的问题。

4. 海洋产业结构与布局方面的研究

海洋产业布局又称海洋产业的空间结构，它是指海洋产业各部门在海洋空间内的分布和组合形态。Cicin-Sain 等（2000）提出在海洋产业结构调整过程中，应通过正确的主导产业选择，使海洋产业结构重心由传统海洋产业向新型海洋产业以及由第一产业向第二、第三产业逐步转移，促进海洋产业结构优化升级。Schittone（2001）研究了佛罗里达州的西礁岛和斯托克岛的旅游业与渔业的空间竞争关系，发现旅游业市场竞争力的不断增强促使海洋渔业发生转移。Kwak 等（2005）利用投入产出理论对韩国海洋产业在其国民经济中的地位进行分析，他们认为合理的海洋产业结构及产业布局对海洋经济的发展有拉动作用和产业关联效应。

在与海洋相关的产业布局方面，外国学者在海洋交通运输领域的港口布局方面进行了深入探讨，积累了大量文献资料，主要围绕三个论题展开：一是关于港口的选址区位和空间结构演化问题的研究；二是单一港口空间布局演进、单一港口内部空间布局的演进等研究；三是港口体系空间布局演进、空间布局优化等研究。代表人物主要有德国学者高兹（Kautz），英国学者伯德（Bird）、里默尔（Rimmer）、萨金特（Sargent）、海乌斯（Hayuth）、巴克（Barke），以及美国地理学家摩利尔（Morrill）、塔佛（Taaffe）、古尔德（Gould）等。

5. 海洋产业集群与海洋产业集聚方面的研究

海洋产业集群问题研究主要侧重于研究如何在全球化竞争与合作的进程中，恢复或实现本国产业集群的升级。Chetty（2002）以产业集群理论为基础，对新西兰海洋产业集群演化与国际竞争力提升进行动态关联分析。

6. 海洋产业发展战略方面的研究

有关海洋产业发展战略的研究代表的如：Kim（2004）在《蓝色海洋战略》中指出，海洋战略实质上是经济战略，认为应该建立海洋框架和模型来指导实践，并提出了"创新价值"的概念。

7. 海洋产业对经济增长的影响方面的研究

早在 1967 年，美国罗德岛大学资源经济系教授 Niels Rorholm 运用里昂惕夫的投入产出分析法，研究了新英格兰南部地区的经济受 13 个海洋产业的影响程度，并据此得出一些衡量海洋产业对经济影响的尺度。

8. 海洋产业空间组织、海洋产业规制与政策方面的研究

海洋产业空间组织方面主要是针对港口产业经济的研究。例如，港口改革与产业竞争力的研究、港口物流产业设施建设与港口服务升级、港口—城市区位关系对港口服务的影响、港口经济与区域经济互动的研究等。海洋产业规制与政策方面的研究有海洋渔业产权变革、海洋产业规制、海洋产业反垄断、海洋产业政策方面的研究。在海洋渔业产权变革方面，Fox 等（2003）研究了渔业产权的规制变革和企业绩效问题。在海洋产业规制方面，Barton（1997）以智利三文鱼生产为例，分析了商业性渔业环境、可持续性和产业规制的关系；Richards 等（2000）剖析了英国产业发展和海洋环境协调过程的环境规制问题；Lane 和 Stephenson（2000）讨论了政府—行业（渔业）合作过程中的制度安排与组织建设问题。

二、国内相关研究综述

海洋产业经济学是海洋经济地理学研究的核心领域与主体内容，国内相关文献日益丰富，但海洋产业经济学研究尚未形成完整体系。梳理现有文献发现，国内研究存在起步晚、发展缓慢、高层次研究成果少且增长慢、以区域实证研究为主、理论创新研究较少等问题。现有研究主要集中在七个方面：①海洋产业概念、内涵、特点等方面的理论研究；②沿海省（自治区、直辖市）或大城市海洋产业结构演变趋势、产业结构优化及影响因素、海洋产业结构评价研究；③区域海洋产业集群与产业集聚、海洋产业集聚与经济增长关系、海洋产业集

聚与资源环境关系的探索；④海洋产业竞争力相关研究；⑤海洋主导产业初步探索；⑥海洋新兴产业发展态势；⑦海洋产业发展战略研究。

1. 海洋产业概念、内涵、特点等方面的理论研究

张耀光（1991）认为，"海洋产业是指以开发利用海洋资源、海洋能源和海洋空间为对象的产业部门，包括物质生产部门和非物质生产部门"。孙斌和徐质斌（2000）认为，"海洋产业是指开发、利用和保护海洋资源而形成的各种物质生产部门的总和，是一个不断扩大的海洋产业群，是海洋经济的实体部门"。叶向东（2010）认为海洋产业具有外向性的特点，由于其流动性和难以分割性，海洋产业的竞争比陆域产业的竞争更激烈，同时海洋产业也需要更密切的合作；海洋产业具有现代性的特点，海洋开发难度大，因此对科技创新更加依赖；海洋产业具有关联性的特点，与陆域产业的联系紧密，可以辐射区域经济，带来区域经济的有力增长。

2. 海洋产业结构与布局方面的研究

在海洋产业结构演变方面，陈可文（2003）认为海洋产业结构的形成同样遵循产业结构演变的一般规律，即从"一二三"模式发展成为"三二一"模式；海洋产业结构的演变与科技进步水平及区域经济发展程度是密切相关的；同时通过定性与定量分析，他还预测未来世界海洋经济发展的支柱产业将会是海洋油气业、滨海旅游业、海洋渔业、交通运输业。曹忠祥等（2005）把区域海洋产业结构演变过程分为三个阶段，认为每个阶段的发展重心都不同：第一阶段以海洋渔业、交通运输业等传统海洋产业为发展重心；第二阶段发展重心将转移到海洋油气业、船舶工业、生物医药业等附加值较高的第二产业；第三阶段以交通运输业、滨海旅游业等海洋服务业为主导产业，逐步实现海洋产业结构的高级化。黄蔚艳和罗峰（2011）认为我国海洋产业结构已经从"一三二"模式，经过两个过渡阶段形成了"三二一"模式。

在海洋产业结构优化方面，武京军和刘晓雯（2010）运用灰色关联分析法、区位熵分析法和系统聚类分析法对我国沿海地区海洋经济发展状况进行研究，把我国沿海地区划分为四个不同层次的海洋经济发展区，并分别确立了对应的海洋产业结构调整方向。乔俊果（2010）认为，海洋科技进步催生了新的海洋产业，不同的海洋科技进步速度导致主导海洋产业的更迭，促进了海洋产业结

构的优化，我国应该通过科技创新推进海洋产业结构优化。

在海洋产业结构的影响因素方面，马洪芹（2007）对我国海洋产业结构的优化水平进行了评价，并且认为金融支持是制约我国海洋产业结构高度化水平的重要因素。王丹等（2010）对辽宁省沿海各区域的产业结构及海洋经济发展水平的差异进行实证分析，认为区域海洋资源环境条件、开发时间长短以及政府制定的发展战略目标的不同是影响辽宁省沿海各区域海洋经济发展水平不均衡的三个主要因素。

在海洋产业结构评价方面，徐胜和张鑫（2011）运用熵值法和多元线性回归法等分析了环渤海各地区的海洋产业结构水平及变动情况，同时还分析了科技进步水平和经济效益对海洋经济发展的贡献及作用。唐正康（2011）通过偏离-份额分析法评价了江苏省海洋产业结构水平，认为江苏海洋产业结构正逐渐趋于合理，产业竞争力也较强，但与其他海洋经济较发达的地区相比，仍存在一些结构性问题。徐谅慧（2012）分析了浙江省近年来海洋三次产业结构以及传统、新兴、未来海洋产业结构的变动情况，同时还对劳动力就业人数在不同海洋产业中的分布情况进行了分析，据此提出了浙江省调整海洋产业结构的政策建议。

在海洋产业布局内涵、层次、意义等的理论研究方面，韩立民和都晓岩（2007）对我国海洋产业布局的内涵、层次、实现方式等理论问题进行分析，提出了海洋产业合理布局的动力模型；徐敬俊（2010）通过阐释海洋产业布局的内涵与外延、海洋产业的区位选择、产业布局调整与产业结构变化的互动过程等一系列重大理论问题，总结了海洋产业布局的一般规律，并举例加以佐证；朱坚真和闫柳（2013）基于点轴理论提出珠江三角洲地区海洋产业总体布局要选择海洋产业布局点，构建海洋产业发展轴，带动海洋经济发展面。

在海洋产业结构与布局的实证研究方面，日益丰富的国内海洋产业结构与布局实证研究，主要关注中国沿海省（自治区、直辖市）和重点海滨城市的海洋产业的现状特征与问题、结构优化与主导产业选择、产业结构绩效评价、产业发展趋势等领域。若从研究区域来看，环渤海地区文献数量居首位，该地区备受国内学界关注，其次是浙江，然后是广东，而福建、海南、广西则未受重视。以全国为研究区域的研究集中在五个方面：①以全国涉海省（自治区、直辖市）海洋经济为研究对象，探讨中国海洋产业结构现状、问题、趋势及优化方略，发现沿海省（自治区、直辖市）海洋产业在面向 21 世纪和国际比较时均无显著竞争优势，存在海洋产业内部结构不协调、与陆域产业协调性差、资源环境利用率低等问题；②从经济关联、吸纳就业、竞争力、上市公司等视角评估海洋产业结构绩效，发现中国海洋产业的经济社会效益低、低价值链的海洋产业部分行业竞争力优势显著、涉海企业资本运作成效低下等问题；③利用三轴图、VAR 等模型讨论中国海洋产业结构时间演进规律，发现海洋产业结构演化态势明显，新兴产业快速发展，但在某些海洋资源丰富的区域，传统海洋产业依托海洋科技仍保持区域优势产业地位；④从人力资源、金融支持、创新与海洋高新产业视角讨论中国海洋产业发展，发现中国沿海省（自治区、直辖市）海洋产业人力资源储备不足、技术研发及转化效率低，且当前金融体制尚无较好的扶持体系应对海洋产业国际发展趋势；⑤以省域为单元讨论全国海洋产业空间集聚度与空间布局趋势，发现中国海洋产业区域集聚态势显著，总量集聚于山东、广东、上海，部分优势行业如造船业、海洋科技服务业集聚于青岛、上海等城市。

以部分地域为研究单元的相关研究主要集中在：①环渤海地区海洋产业结构优化与合理布局；②东海的产业结构关联性及海洋产业基地建设策略；③分别研究辽宁、山东、上海、浙江、广东、广西、海南的省域海洋资源开发及海洋主导产业选择与结构合理化、海洋产业与区域经济关联度、海洋产业结构演化特征、海洋产业竞争力或海洋功能区与产业结构布局、海洋产业空间集聚与经济空间等，以及海洋经济大市——青岛、宁波、舟山等的海洋产业结构与布局的优化及政策。

改革开放以来，国内海洋产业结构与布局的战略研究集中在：①以全国海洋产业结构与布局的战略为标靶，关注海洋产业发展前景（含趋势与总量）、海洋产业结构与布局调整战略的政策支撑和全球海洋经济新背景下中国海洋产业转型战略；②沿海省（自治区、直辖市）海洋产业结构升级与布局合理化的战略及对策创意，且重点关注辽宁、山东、江苏、浙江、广东；③以青岛、舟山、宁波为例的我国海洋经济重点城市的产业结构与布局的战略及支持政策体系研讨。

3. 海洋产业集群与产业集聚方面的研究

产业集群是 20 世纪 80 年代以来经济学、管理学与区域科学研究产业结构及布局问题的首选视角。国内学界从产业集群视角研究海洋产业的有：①环渤海湾或辽宁全部海洋产业的集群测度、集群技术溢出和产业关联及循环经济研究；②省域或市域海洋产业空间集聚；③中国海洋产业集群创新机制，以及港口航运为代表的海洋集群形成机理、产业融合及竞争力评价。现有研究与国外日益成熟的港口航运业集群研究尚有较大差距，在海洋产业集群研究方法上也亟待改进。

关于海洋产业集聚的研究，王涛等（2014）利用多种集聚测度方法对我国海洋产业的集聚水平进行测算，分析表明，集聚发展水平最高的海洋产业是海洋油气业、矿业和渔业，且不同地区差异较大，并指出区位因素、产业规模递增、海洋产业波及效应和差异化竞争是其重要影响因素。陈国亮（2015）通过修正的 E-G 指数探究我国海洋产业协同集聚的空间演化情况，对影响海洋产业协同集聚形成机制的因素进行理论和实证分析。纪玉俊和刘金梦（2016）基于马歇尔外部经济理论和地区特征建立了海洋产业集聚影响因素的理论分析框架，并通过计量模型实证检验了各因素对海洋产业集聚的影响作用，结果表明，知识溢出和技术创新是促进海洋产业集聚的显著因素。

关于海洋产业集聚与经济增长关系的研究，国内学者大多运用计量模型进行分析。傅远佳（2011）借助耦合模型对北部湾经济区海洋产业集聚与经济增长的协调程度状况进行了探讨。姜旭朝和方建禹（2012）采取 Granger 因果检验方法分析海洋产业集群与经济增长的关系，并通过脉冲响应函数检验两者之间的依存关系。于谨凯等（2014）运用广义矩估计法（generalized method of moments，GMM）计量分析海洋产业集聚与地区经济增长的关系，分析显示，两者之间呈倒 U 形函数关系，即集聚规模适度时会促进经济增长，而集聚规模过度则抑制经济增长。纪玉俊和李超（2015）基于我国 2006～2012 年 11 个沿海地区的面板数据进行实证研究，指出海洋产业集聚对地区经济增长具有显著且稳定的促进作用。

关于海洋产业集聚与资源环境关系的研究，高源等（2015）基于海洋经济地理视角，分析了区域海洋产业集聚的空间结构层次，并运用耦合协调度模型对较强集聚区的海洋产业集聚与资源环境复合系统的协调度进行测度和对比分析。滕欣等（2016）先从理论上对区域承载力与产业集聚的动态关联效应进行分析，然后综合运用灰色综合分析和 Pearson 关联模型对区域承载力与海洋产业集聚的动态响应关系进行实证验证。

4. 海洋产业竞争力方面的研究

第一，单个区域的海洋产业竞争力评价研究。马仁锋等（2012）通过单要素对比分析及全要素综合量化评价分析的方法，以2008~2012年长江三角洲地区海洋经济统计数据为基础，综合评价了长江三角洲地区各省（直辖市）的海洋产业竞争力。霍增辉和张玫（2013）首先以"钻石模型"为理论基础，结合海洋产业发展的特点，从六个方面构建出区域海洋产业竞争力评价的指标体系，对浙江省海洋产业竞争力趋势和来源进行实证分析。周景楠和白福臣（2015）运用动态偏离-份额分析模型分析广东省2006~2012年海洋第一、第二、第三产业结构变动与经济增长情况。

第二，主要海洋产业中单个产业部门的竞争力评价研究。郝鹭捷和吕庆华（2014）以生产要素、市场需求、产出效能、政府行为、创意人才5个方面为基础，构建了15个关于海洋文化产业竞争力的评价指标体系，并运用因子分析法对我国9个沿海省（自治区、直辖市）的海洋文化产业竞争力进行综合评价分析。汪易易（2012）以灰色系统模型为理论基础，找出影响山东省海洋渔业产业竞争力的直接与间接影响因素，从而构建出评价海洋渔业产业竞争力的指标体系，并对渔业水产品产量进行灰色预测，从而综合评价了山东省海洋渔业产业竞争力的现状。唐寻（2014）分析了浙江省海洋生物产业的竞争力现状，并分析浙江省海洋生物产业国际竞争力的影响因素。

海洋产业竞争力单个方面的评价研究。我国学者对于海洋产业竞争力某个方面的研究主要集中在对海洋产业国际竞争力和单个海洋产业部门的贸易竞争力的评价研究等方面。胡彩霞等（2012）运用国际贸易理论中的国际市场占有率（IMS）、比较优势指数法（CAI）、出口渗透率（ERP）、显示性比较优势指数（RCA）四个指标，对世界各国海洋渔业出口贸易的现状进行研究，综合评价分析海洋渔业贸易竞争力并得出海洋渔业产业化、集聚优势以及增强产业内贸易有利于提升海洋渔业的贸易竞争力的结论。张焕焕（2013）综合分析了我国海洋产业的综合竞争力以及所处的国际地位，探索出影响海洋产业国际竞争力的主要因素，运用定性和定量两个方面的方法，综合评价了我国海洋产业的国际竞争力。

第三，海洋产业竞争力的综合评价研究。殷克东和王晓玲（2010）利用解释结构模型方法设计构建了中国海洋产业竞争力的综合评价指标体系，设计构建了中国海洋产业竞争力"四位一体"的联合决策理论测度模型,探明了中国区域海洋产业竞争力发展的动态变迁特征、关键因素及其内在关联效应。孙才志等(2014)以我国沿海地区 11 个省(自治区、直辖市)2006~2011 年的海洋产业发展的相关数据为基础,将海洋产业发展的竞争优势与比较优势相结合,运用层次分析法和 NRCA 模型对我国沿海 11 个省(自治区、直辖市)的海洋产业竞争力进行综合评价,并采用 ISODATA 聚类模型对各省(自治区、直辖市)海洋产业的竞争优势和比较优势进行分类。

5. 海洋主导产业选择方面的研究

秦宏和谷佃军(2010)结合相关性分析、贡献度分析和趋势分析等多种方法,界定出山东半岛的海洋主导产业;李健和滕欣(2012)以天津滨海新区为例对海洋战略性主导产业选择进行了研究;胡晓莉等(2012)结合主导产业选择基准和相关指标,运用麦肯锡矩阵来筛选出天津市的海洋主导产业;孙立家(2013)采用区位熵理论对山东省 7 个沿海地市的主导产业发展方向进行实证研究;孟月娇(2013)运用德尔菲调查法和层次分析法对青岛市海洋主导产业进行了选择。

6. 海洋新兴产业方面的研究

海洋新兴产业是海洋产业的一个分支,是区别于传统产业而提出的,也是高新技术产业的一个分支。海洋新兴产业不仅是指运用高新科技开发、利用海洋资源的产业,更是指低碳、高效、可持续发展海洋经济的产业。由于研究目标的不同,海洋产业分类具有多样性。我国在 2010 年发布的《国务院关于加快培育和发展战略性新兴产业的决定》中提出,发展包括海洋新兴产业在内的战略性新兴产业,其中海洋新兴产业有现代海洋渔业、海洋油气业、滨海旅游业、海洋电力业、海水利用业、海洋生物医药业等。大力发展海洋新兴产业,有助于优化海洋产业结构,实现海洋经济可持续发展。我国日益重视发展海洋经济,海洋新兴产业方面的研究在广度和深度上都出现了前所未有的发展势头。

国内学者的研究一般从整体上把握海洋新兴产业的发展趋势。隋映辉(2010)分析认为,在海洋产业结构方面,我国新兴工业产业目前所占的比重以及其贡献份额都偏低,然而,从行业内部进行结构性比较,新兴工业产业的发展却令人振奋。林原(2012)注重产业集聚的作用,认为海洋新兴产业的进一步发展需要建立海洋新兴产业集聚区。李彬等（2012）用灰色预测模型对海洋新兴产业的发展趋势进行了预测，结果表明，我国海洋新兴产业规模较小，却呈现良好的增长态势，需要从加强风险应对能力、技术创新成功转化等方面进一步推动海洋产业的发展。

对于海洋新兴产业中具有战略地位的产业的相关研究，国内学者也给予了较大关注。学者主要从战略性产业的概念、分类、发展趋势等方面进行了研究。《中国海洋发展报告 2009》中指出，战略性产业是指具有战略意义，受国家政策保护和扶持的产业，是具有能够成为将来经济发展中支柱产业可能性的产业，并指出我国海洋经济领域中的海水利用业、海洋油气业、深海技术和设备制造业、海洋可再生能源产业具有战略性产业的显著特征。刘明和汪迪（2012）指出战略性海洋新兴产业是指基于海洋高新技术的发展，重视海洋技术成果的产业化，并以此作为核心内容，对相关海陆产业具有较大带动作用，同时还要具有广阔的市场和充足的需求等重大发展潜力，能够有力地增强国家海洋经济发展的海洋产业门类。姜江等（2012）根据我国海洋经济目前的发展阶段，结合我国海洋经济具有的特色，又综合一般海洋主导产业和海洋新兴产业的选取原则，分析确定"十二五"期间应重点打造的产业是海洋新能源产业、海洋生物医药业、海水综合利用业和海洋工程装备制造业等。

7. 海洋产业发展战略方面的研究

有关海洋产业发展战略的研究，刘湘桂等（2010）认为要实现海洋经济的可持续发展必须优化海洋产业结构，并提出要继续发展海洋渔业，重点发展海洋运输业、滨海旅游业和新兴海洋产业，加强新兴海洋产业的研发等。刘曙光和刘日峰（2012）分析了南非海洋渔业发展概况及南非渔业的国际合作现状，提出了中国与南非加强海洋渔业合作的战略构想，并给出了建立合作机制的具体建议。

第二章

海洋产业经济学概述

第一节　海洋产业经济学的基本概念

一、海洋经济

"海洋经济"一词最早是 20 世纪 70 年代初由美国学者杰拉尔德·J. 曼贡在《美国海洋政策》中提出的，它是随着陆地资源的逐渐衰竭、生态环境的日益恶化、人类对海洋资源价值的重新发现、海洋可持续发展技术的不断进步、海洋经济地位的逐步提高而诞生的。由于研究者的国别情况、学术背景、研究视角不同，目前国内外学者对海洋经济的界定并不一致。

1. 国外学者的定义

在西方，海洋经济这个概念通常在一些海洋统计报告、生态环境统计报告以及政府海洋发展政策中有所提及，一般是从资源或地理方面对其进行定义。海洋经济是具有产业和地理双重属性的经济活动。它涵盖那些已经发生或正在使用海洋环境或为上述活动生产商品和提供必要服务的经济活动，这些经济活动能够为国民经济发展做出直接贡献。2004 年，美国海洋政策委员会（United Committee on Ocean Policy）发表了《美国海洋政策要点与海洋价值评价》，其中描述到："海洋经济是直接依赖于海洋属性的经济活动，这些经济活动或者在生产过程中依赖于海洋的物质作为投入，或者利用地理位置优势，在海面或海底发生。"美国学者 Kildow 和 Colgan（2005）认为，"海洋经济是指那些直接与海洋关联，并将海洋资源作为生产投入的经济活动。包括那些依赖海洋的产业，如海洋矿业、海洋渔业以及海洋交通运输业等"。

2. 国内学者的定义

国内相关研究以 1978 年著名经济学家徐涤新等提出建立"海洋经济"新学科为起点。关于海洋经济的定义也是随着时间的推移，在人类对于海洋的认识不断加深的基础上日益完善而发展起来的。

国内学者和政府部门对海洋经济概念研究较多，多数学者倾向于从资源经济角度对其进行定义，也有学者从区域经济的角度对海洋经济进行界定，代表性的观点有：①1984 年，杨金森在论文《发展海洋经济必须实行统筹兼顾的方针》中界定了海洋经济的概念，认为"海洋经济是以海洋为活动场所和以海洋资源为开发对象的各种经济活动的总和"。他对海洋经济的内涵进行了概括，并从经济内容、活动场所、管理体制等不同角度进行了比较完整的外延界定。②1986 年，权锡鉴在《海洋经济学初探》一文中对海洋经济活动和过程的定义为："海洋经济活动是人们为了满足社会经济生活的需要，以海洋及其资源为劳动对象，通过一定的劳动投入而获取物质财富的劳动过程，亦即人与海洋自然之间所实现的物质变换的过程。"该定义将海洋经济看作一个过程，试图通过指出过程包含的若干关系来探讨海洋经济过程内部的某些结构。③1998 年，陈万灵在《海洋开发与管理》上发表了《关于海洋经济的理论界定》，并把海洋经济定义为："海洋经济就是指对海洋及其空间范围内的一切海洋资源进行开发的经济活动或过程。海洋经济实质上是关于海洋资源的经济问题，即为了满足人们对海洋资源产品的需要，如何协调开发与管理、利用与保护、改造与培育的经济问题。"他的界定是从"海洋资源"的定义出发，阐述海洋资源开发及海洋经济的内涵及其系统构造。④2003 年，陈可文在《中国海洋经济学》中对海洋经济的定义为："海洋经济是以海洋空间为活动场所或以海洋资源为利用对象的各种经济活动的总称。海洋经济的本质是人类为了满足自身需要，利用海洋空间和海洋资源，通过劳动获取物质产品的生产活动。"海洋经济与海洋相关联的本质属性是海洋经济区别于陆域经济的分界点，也是界定海洋经济内容的依据。按照经济活动与海洋的关联程度，海洋经济可分为三类：狭义海洋经济，指以开发利用资源、海洋水体和海洋空间而形成的经济；广义海洋经济，指为海洋开发利用提供条件的经济活动，包括与狭义海洋经济产生上下接口的产业，以及陆海通用设备的制造业等；泛义海洋经济，主要是指与海洋经济难以分割的海岛上的陆域产业、海岸带的陆域产业及河海体系中的内河经济等，包括海岛经济和沿海经济。⑤2006 年，徐质斌在《广东省海洋经济重大问题研究》中，对海洋经济的定义为："从一个或同时几个方面利用海洋的经济功能的经济，是活动场所、资源依托、销售对象、服务对象、初级产品原料与海洋有依赖关系的各种经济的总称。"⑥2007 年，韩立民在《海洋产业结构与布局的理论和实证研究》中将海洋经济定义为："为开发海洋资源和依赖海洋空间而进行的生产活动，以及直接或间接为开发海洋资源及空间服务的相关服务性产业活动的集合。"

政府文件也对海洋经济的概念做了相关界定。2003 年 5 月，国务院出台了《国务院关于印发全国海洋经济发展规划纲要的通知》（国发〔2003〕13 号）。在《全国海洋经济发展规划纲要》中，"海洋经济"的定义是："开发利用海洋的各类产业及相关经济活动的总和。"2004 年，国家质量监督检验检疫总局发布的国家标准《海洋学术语——海洋资源学》将海洋经济认定为："人类开发利用海洋资源过程中的生产、经营、管理活动的总称。"尽管这些定义各有差异，但其本质上都有两个共同点，一是海洋经济的范畴不仅包括海洋产业活动，也包括与海洋产业相关的经济活动；二是海洋经济不仅包括海上经济活动，也包括陆域的涉海经济活动。同时，国家标准《海洋及相关产业分类》（GB/T 20794—2006）将其定义为："开发、利用和保护海洋的各类产业活动，以及与之相关联活动的总和。"这个定义和 2003 年《全国海洋经济发展规划纲要》的定义相比更加全面。一方面，对海洋经济从可持续发展角度进行了认识，不仅强调了海洋资源的开发、利用，而且强调保护海洋的各类产业活动；另一方面，把与之相关的经济活动改为相关联活动，不仅包括经济活动，还包括与之相关的政治、社会、文化、生态等活动。国家海洋局在海洋经济统计公报中采用了这一定义。

因此，本书采用国家标准《海洋及相关产业分类》（GB/T 20794—2006）中海洋经济的定义。

二、海洋产业

1. 海洋产业的内涵

产业是一个地区经济活动的载体，是经济活动在地理空间上的依托。在英文中，产业既可指工业，又可泛指国民经济中的各个具体产业部门，如工业、农业、服务业，或者更具体的行业部门，如钢铁业、纺织业、食品业、造船业等。概括地说，产业概念是人类社会生产不断发展积累的结果，是人们对高度社会化发展的生产结构体系认识不断深化的一种概括。产业是社会生产力发展的结果，是社会分工的产物，并且随着社会生产力水平和分工专业化程度的提高而不断变化和发展。陆域产业是人类以陆地上的资源与环境为依托，长期从事各种经济活动所逐步形成的各个产业部门的总称。相对于陆域产业，海洋产业的发展相对滞后，人们对海洋产业的关注和研究时间还比较短暂。

长期以来，不同学者从不同角度对海洋产业的定义进行了阐述。西方沿海国家对"海洋产业"的表述大致相同。例如，美国和澳大利亚为"海洋产业"（marine industry）、英国为"海洋关联产业"（marine-related activity）、加拿大为"海洋产业"（marine and ocean industry）、欧洲为"海洋产业"（maritime industry）等。在概念界定方面，美国将海洋产业界定为"在生产过程中利用海洋资源"或"利用某些源于海洋的特性，生产所需要的产品或服务活动"（陈琳，2012）。澳大利亚的海洋产业定义是：利用海洋资源进行生产，或是把海洋资源作为主要投入的生产活动。加拿大渔业海洋部认为："海洋产业是指基于加拿大海洋区域及与此相连的沿海区域开展的海洋产业活动，或依赖这些区域活动而得到收益的产业活动。"（毛昊洋，2012）

在海洋产业领域，国内一些学者根据海洋产业自身发展的特点，提出了真知灼见。孙斌和徐质斌（2000）认为："海洋产业是指开发、利用和保护海洋资源而形成的各种物质生产部门的总和，包括海洋渔业、海水养殖业、海水制盐业及盐化工业、海洋石化工业、海洋旅游业、海洋交通运输业、海滨采矿业和船舶工业，还有在形成产业过程中的海水淡化和海水综合利用、海洋能利用、海洋药物开发、海洋新型空间利用。深海采矿、海洋工程、海洋科技教育综合服务、海洋信息服务、海洋环境保护等。海洋产业是一个不断扩大的海洋产业群，是海洋经济的实体部门。"这个定义不仅对海洋产业进行了描述，并且对海洋产业与海洋经济的关系进行了表述。王海英和栾维新（2002）认为："海洋产业是指主要活动在海上、以海洋资源为开发对象的狭义海洋产业，还包括与上述产业密切相关的产业。"陈可文（2003）认为："海洋产业是指人类开发利用海洋空间和海洋资源所形成的生产门类。海洋产业是海洋经济的构成主体和基础，是海洋经济得以存在和发展的基本前提条件。海洋产业的发展是海洋经济发展的主要标志，也是目前世界海洋经济发展水平的一个重要标志。"张耀光（2003）认为："海洋产业是指以开发利用海洋资源、海洋能和海洋空间为对象的产业部门。包括海洋捕捞、海洋渔业、海洋水产养殖和海上运输业等物质生产部门和滨海旅游、海上机场、海底储藏库等非物质生产部门。"

我国政府在《海洋及相关产业分类》（GB/T 20794—2006）标准中给出的海洋产业的定义为："海洋产业是指开发、利用和保护海洋所进行的生产和服务活动。"根据《海洋及相关产业分类》（GB/T 20794—2006）标准，海洋产业分为"开发、利用和保护海洋所进行的生产和服务活动"的海洋产业，以及"因投入产出的关系与主要海洋产业构成技术、经济联系的上下游产业"的海洋相关产业。综上所述，海洋产业是人类直接或间接利用海洋、海岸带资源或以服务海洋为目的所进行的生产和服务活动，主要包括以下五种活动：①从事直接从海洋获取产品的生产和服务；②从事直接从海洋获取的产品的一次加工生产和服务；③从事直接应用于海洋的产品的生产和服务；④从事利用海水或海洋空间作为生产过程的基本要素所进行的生产和服务；⑤海洋科学研究、教育、技术服务和管理。上述五类产业活动也称为海洋经济活动。

2. 海洋产业的分类及划分标准

美国国家经济分析局按海洋的供给与需求关系将海洋产业划分为四大类：海洋资源依赖型产业，如海洋渔业、海洋油气开发等；海洋空间依赖型产业，如海洋交通运输业；海洋供给型产业，如仓储物流、海上供给等；空间便利型产业，如水产品贸易、滨海旅游接待、商业服务等。这种海洋产业分类具有鲜明的海洋特色，明确了不同海洋产业与空间或海洋资源联系的紧密程度，有助于海洋资源的开发与管理，对我国海洋产业的划分具有一定的借鉴意义。

中国对海洋产业的分类根据《海洋及相关产业分类》（GB/T 20794—2006）标准，将海洋产业分为海洋产业及海洋相关产业两个类别，具体包括 29 个大类、106 个中类和 390 个小类。海洋产业包括海洋渔业、海洋油气业、海洋矿业、海洋盐业、海洋化工业、海洋生物医药业、海洋电力业、海水利用业、海洋船舶工业、海洋工程建筑业、海洋交通运输业、滨海旅游业等主要海洋产业，以及海洋科研教育管理服务业等。

海洋产业根据不同的属性有不同的类别，通常情况下，根据研究目的、分析方法的不同，海洋产业分类主要有以下几种。

1）按照海洋产业的内涵与外延分类法

按照海洋产业的内涵与外延划分为海洋产业的核心层、支持层、外围层。其中，海洋产业的核心层指主要海洋产业，即海洋渔业、海洋交通运输业、海洋油气业、海洋生物医药业、海洋化工业、海洋船舶工业、海洋矿业、海洋工程建筑业、海洋电力业、海水利用业、海洋盐业、滨海旅游业等；海洋产业的支持层即海洋科研管理服务业，包括海洋科学研究、海洋保险与社会保障业、海洋技术服务业、海洋信息服务业、海洋教育、海洋行政管理、海洋地质勘查业、海洋环境保护业、海洋社会团体与国际组织等；海洋产业的外围层即海洋相关产业，是指以各种投入产出为联系纽带，通过产业和服务、产业投资、产业技术转移等方式与主要海洋产业的核心层构成技术联系的产业，包括海洋农林业、涉海产品与材料制造业、海洋设备制造业、海洋建筑业与安装业、海洋批发与零售业、涉海服务业等（图 2-1）。

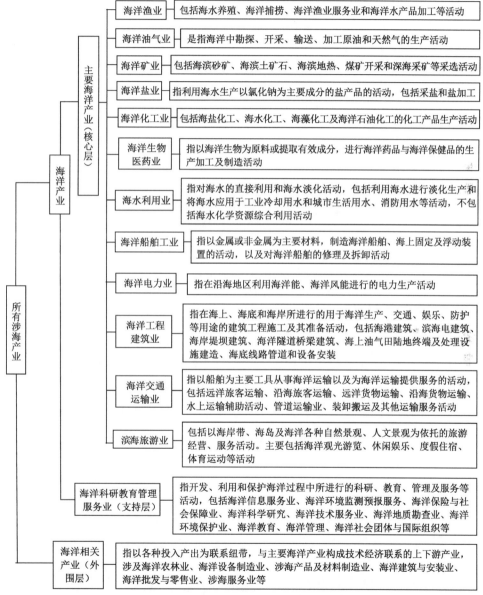

图 2-1　海洋产业类型、内涵及统计范围

资料来源：依据《中国海洋统计年鉴 2016》指标解释，作者自绘

2）三次产业分类法

按照三次产业分类法，可以将海洋产业划分为海洋第一产业、海洋第二产业、海洋第三产业三种。按照《中国海洋统计年鉴 2016》的解释："海洋第一产业包括海洋水产品、海洋渔业服务业，以及海洋相关产业中归属于第一产业范畴的部门；海洋第二产业包括海洋渔业中的海洋水产品加工业、海洋油气业、海洋矿业、海洋盐业、海洋化工业、海洋生物医药业、海洋电力业、海水利用业、海洋船舶工业、海洋工程建筑业，以及海洋相关产业中归属于第二产业范畴的部门；海洋第三产业指除海洋第一、第二产业以外的其他产业，包括海洋交通运输业、滨海旅游业、海洋科研教育管理服务业，以及海洋相关产业中归属于海洋第三产业的部门。"（表 2-1）

表 2-1 三次海洋产业分类

海洋产业类型	产业部门
海洋第一产业	海洋渔业中的海洋水产品、海洋渔业服务业，以及海洋相关产业中归属于第一产业范畴的部门
海洋第二产业	海洋渔业中的海洋水产品加工业、海洋油气业、海洋矿业、海洋盐业、海洋化工业、海洋生物医药业、海洋电力业、海水利用业、海洋船舶工业、海洋工程建筑业，以及海洋相关产业中归属于第二产业范畴的部门
海洋第三产业	海洋交通运输业、滨海旅游业、海洋科研教育管理服务业，以及海洋相关产业中归属于第三产业范畴的部门

《中国海洋 21 世纪议程》按照三次产业分类法，对我国海洋及其相关产业做了如下划分：①将直接依托海洋生物资源的产业划分为海洋第一产业，主要包括海洋渔业及附属渔业服务业等；②将加工、再加工海洋资源的产业界定为海洋第二产业，主要包括海洋盐业及盐化工业、海洋渔业中的海洋水产品加工业、海洋药物和食品工业、海洋矿业、海洋电力业、船舶与海洋机械制造业、海洋工程建筑业、海水直接利用等工业部门；③将主要提供非物质财富的生产活动产业划分为海洋第三产业，主要包括滨海旅游业、海洋科研教育管理服务业、海洋信息服务业、金融支持业、海洋交通运输业等各部门。

3）按照形成时间分类法

根据形成的时间，海洋产业可以划分成传统海洋产业、新兴海洋产业和未来海洋产业。其中，传统海洋产业主要是指很长时间一直经营的传统产业，主要特点是时间发展久、技术依赖程度较低，传统产业的产品很多也主要是初级加工产品和海洋原材料产品，目前我国的海洋传统产业主要有海洋捕捞业、海洋交通运输业、滨海旅游业、海洋盐业和海洋船舶工业等，这些产业在我国海洋经济中占有重要地位。新兴海洋产业是近年来发展形成的，是相对于传统海洋产业而言的，是由于科学技术的进步发现了新的海洋资源或者拓展了海洋资源利用范围而成长的产业，主要包括海洋油气业、海水增养殖业、海水利用业、海洋生物医药业、海洋化工业、海洋工程建筑业、海洋信息服务业等。未来海洋产业是指目前处于研究或初步发展阶段的、在未来才可能开发的、依赖高新技术的产业，如深海采矿、海洋能利用、海水综合利用、海洋空间利用等相关产业。未来海洋产业是新兴海洋产业处于技术储备和准备阶段的产业，一旦技术和市场成熟，就可以成长为海洋新兴产业（表2-2）。

表 2-2 传统、新兴与未来海洋产业的划分

产业分类	主要产业	形成时间	对技术的依赖程度	资源利用范围
传统海洋产业	海洋捕捞业、滨海旅游业、海洋船舶工业、海洋交通运输业、海洋盐业	20世纪60年代以前	不依赖现代高新技术	狭窄
新兴海洋产业	海洋油气业、海水增养殖业、海水利用业、海洋生物医药业、海洋化工业、海洋工程建筑业、海洋信息服务业	20世纪60年代至20世纪末	主要或部分依赖高新技术	拓展
未来海洋产业	深海采矿、海洋能利用、海水综合利用、海洋空间利用（如海上工厂、海上城市、海底仓库、海上作业基地等）	21世纪及以后	依赖高新技术	立体拓展

4）按照海洋产业在区域经济社会发展中的地位分类法

根据各海洋产业在区域经济社会发展中的地位可将海洋产业划分为先行性产业、主导性产业、支柱性产业、服务性产业和发展性产业等。

随着科学技术的进步和海洋资源的日益开发，海洋产业的内涵还会不断延伸和扩大。

三、海洋产业结构

1. 海洋产业结构的内涵

产业结构是指国民经济各产业及其内部各部门之间的比例关系与相互联系，有广义和狭义之分，广义上包括国民经济各产业之间在生产总值上的比例关系和

各内部产业之间的相互关系两部分内容。但是目前学术界对产业结构的理解多为狭义的，即仅指国民经济中各产业之间的比例关系。产业结构不仅能够反映区域经济发展的水平，还能影响其发展的速度和方向，与区域经济的发展关系密切。

海洋产业结构同样遵循产业结构的定义，即海洋产业结构是指海洋经济各产业及其部门之间的联系，通过不同海洋产业部门的数量比例关系明确该区域海洋经济内部各产业部门的投入产出关系，进而反映劳动、资本等社会要素在海洋经济各产业的分配方式。海洋产业结构是海洋经济的中心，海洋产业结构的合理和优化，对区域海洋经济的发展至关重要。海洋产业技术进步是海洋经济发展的内在推动力，而海洋产业结构优化升级则是海洋经济快速高效、可持续发展的途径。合理的海洋产业结构，能够合理配置海洋资源，提高其利用效率，进而促进区域经济增长。

2. 海洋产业结构的演进阶段

与陆域产业一样，海洋产业的发展和扩大是一个不断演进的过程，从而反映出海洋经济发展的阶段性特征。在起初阶段，海洋产业的发展以传统产业为重点，如海洋渔业、海洋盐业、海洋交通运输业。此后，随着资金和技术的积累，海产品加工、包装、运输及滨海旅游业开始蓬勃发展。当资金和技术积累到一定程度以后，海洋经济高速发展，其海洋产业的发展重点向海洋船舶业、海洋油气业、海洋矿业等海洋第二产业转移。再进一步发展，海洋经济进入服务化阶段，即海洋运输业、滨海旅游业、海洋信息技术服务业等海洋第三产业将成为海洋经济发展的支柱产业。因此，本书主要从海洋主导产业、三次海洋产业结构、生产要素密集程度以及传统与新兴海洋产业变化四个方面来阐述海洋产业结构的演进规律。

1）海洋主导产业演进规律

第一阶段，海洋经济发展初级阶段。受开发能力所限，人类对海洋资源的开发利用主要以海洋渔业、海洋盐业和海洋交通运输业的形式展开。海洋渔业占据着主导产业地位。我国海洋渔业相对发达，近年来水产品产量稳居世界第一。到 2004 年，我国的海洋渔业仍然是我国第一大海洋产业，海洋渔业总产值 3795 亿元，占当年全国主要海洋产业总产值的 29.6%。[①]

---

① 数据来源于《2004 年中国海洋经济统计公报》。

第二阶段，随着工业革命的发生，工业生产获得了巨大的发展。在造船技术不断发展和国际贸易与日俱增的背景下，海洋交通运输获得了快速发展，并且其产值逐渐超过海洋渔业，在海洋经济中占据主导地位。

第三阶段，滨海旅游由于经济的发展和收入水平的不断提高而获得快速发展，在产值上逐渐超越海洋交通运输业，成为主导产业。2005 年我国滨海旅游业产值占主要海洋产业产值的 29.74%，超越了海洋渔业，成为第一大海洋产业。截止到 2012 年，滨海旅游业、海洋交通运输业和海洋渔业是我国增加值最高的三大海洋产业。[①]

第四阶段，20 世纪 60 年代以来，世界范围内开始大规模开发海洋油气资源，海洋油气业逐渐成为部分国家的主导产业。据美国《油气杂志》统计，截止到 2016 年，世界石油探明储量为 2254.6 亿吨，天然气探明储量为 188.3 万亿立方米。世界海洋石油资源量约 1350 亿吨，探明储量约 380 亿吨；海洋天然气资源约 140 万亿立方米，探明储量约 40 万亿立方米。

第五阶段，海洋产业高技术化阶段。在这一阶段，一些传统海洋产业采用新技术成果成功实现了技术升级，规模进一步扩大。同时，海洋新兴产业如海洋生物医药、海洋工程装备和海水利用业进入高速发展阶段，海洋高新技术产业成为推动海洋经济发展的重要动力。

2）三次海洋产业结构变动规律

根据世界海洋产业发展的过程和趋势，海洋产业结构首先表现为"一三二"结构，继而发展到"三一二"结构，随着海洋资源开发能力的增强，海洋第二产业获得发展，发展为"二三一"结构，最终发展为"三二一"结构。

按照《中国海洋 21 世纪议程》设定的目标，2020 年我国海洋第一、第二、第三产业的比例为 2∶3∶5。目前，世界海洋发达国家三次海洋产业结构比为 1∶7.8∶4.3，为"二三一"结构。随着技术的进步，海洋可再生能源产业、海洋矿业等资源开发型产业会获得较大发展，部分发达国家和地区海洋三次产业结构较长时间保持在"二三一"格局，部分国家和地区的海洋产业有可能出现由"三二一"向"二三一"演变，再由"二三一"向"三二一"转变的趋势。而且，三次海洋产业结构的劳动力比重不会随生产力水平的提高出现与产值结构相同的变化。在劳动力转移方面，传统劳动力产业结构由"一二三"向"三

---

① 数据来源于《2005 年中国海洋经济统计公报》。

二一"演进的规律，在海洋领域并不适用。海洋产业比陆域产业更加需要装备和技术，有技术和资本密集型产业的倾向，这一倾向在海洋第二产业中表现尤为明显。随着生产力的发展，海洋第二产业对劳动力的需求较小，海洋第一产业的劳动力比重可能依然高于海洋第二产业。海洋三次产业劳动力比重将表现出第一、第三产业比重较高，而第二产业比重较低的状态。

此外，不同的国家和地区海洋资源禀赋等方面的差别，决定了产业结构演进的路径可能有所不同。例如，山东是我国海洋渔业最发达的地区之一，其海水养殖、海水捕捞和水产品加工在海洋产业结构中将长期占据重要地位，海洋第一产业比重较其他地区高。

3）生产要素密集程度变动规律

根据世界海洋产业发展过程和一般产业的发展状况，海洋产业结构的成长与发展大致经历三个阶段：第一阶段，以劳动密集型产业为中心的阶段，这一时期主要是以海洋渔业、海洋盐业、海洋交通运输业等传统劳动密集型产业为主；第二阶段，以资本密集型产业为中心阶段，主要是海洋船舶业、海洋油气、海洋工程建筑等产业快速发展；第三阶段，以技术密集型产业为中心阶段的高级化演进历程，海洋生物医药、海洋能利用、海水综合利用等产业迅速发展。

4）传统与新兴海洋产业演变规律

在一个国家或地区海洋经济发展的不同阶段，会出现传统与新兴海洋产业的阶段式循环。在每一阶段的初期，海洋传统产业占据明显优势，而海洋新兴产业由于技术不成熟则非常弱小。随着技术的进步，海洋新兴产业发展加速，在海洋经济中的比重不断上升。到了每一阶段的末期，海洋新兴产业技术成熟，在海洋经济中占据比重较大，逐渐演变为传统海洋产业，而此时海洋未来产业随着技术成熟演变为海洋新兴产业，从而进入下一阶段的循环。

四、海洋产业集聚

产业集聚指的是相互联系的不同产业或者是相互支撑的相同产业在一定的区域空间范围内形成地理上集中的现象，这种集中的实质是由于经济活动和生产要素的集聚而产生的一定区域范围内的规模经济。产业集聚已经成为各界所认同的产业发展的重要途径，其作为一种独特、高效的组织形式，发挥了集聚产生的分工优势和规模经济效应，提高所在区域的科技创新与技术扩散能力，提高产业生产效率与经济效益，对区域经济发展有很大的促进作用。

海洋产业集聚是社会经济活动发展的结果，也是所在区域政府在寻求地区竞争力优势的时候，用以增强区域综合竞争力的非常重要的途径。争取最大限度地发挥出海洋资源优势，并且提高海洋产业要素配置效率，推进海洋产业集聚发展是沿海区域必然经历的发展过程。海洋产业集聚最根本的是通过生产要素向最适宜从事海洋经济活动的区块集中，以空间布局的合理集聚来推动海洋经济可持续发展。

五、海洋产业布局

1. 海洋产业布局的内涵

产业布局是社会经济各部门发展运动规律的具体表现，它是指在区域空间上，由生产力诸要素在各个产业在区域范围内组合而形成的分布情况。经济发展中，产业布局合理，对于产业本身发挥区域优势、提升综合效益，以及加深对资源的开发利用具有重要意义。决定产业布局的首要因素是地域条件，不同地域、相同地域的不同发展阶段，其产业布局都会发生相应变化，政府部门作为宏观规划和调控权力行使的主体，有必要充分结合实际因素，提高产业部门的针对性和适应性。

海洋产业布局即指各海洋产业部门在空间地域上的分布和组合状态。海洋产业布局空间并不完全是海域，也包括部分陆地，地理学上称为潮上带。潮上带的扩展使得研究产业布局不能仅停留在海域，也要研究拥有海岸线的区域内部资源环境状况，从而确定各个区域的海洋产业协调与分工问题。

在海洋产业发展过程中，能源、原料等各种资源不规则分布，以及不同地域的经济、政治、文化特点存在差别，这就要求在资源开发对象和规模建设上都要做出相应的安排。在保证资源、经济协调发展的基础上，对海洋资源实现最佳的开发和配置，提高海洋资源的利用率，达到资源开发利用、生态环境保护、产业经济效益三者间的最佳平衡，并由此实现海洋产业布局的核心目标。总之，海洋产业布局是一项复杂的系统工程，在发展过程中，既要考虑各海区的社会经济基础，又要考虑各海区的资源禀赋。

合理规划海洋产业布局意义主要体现在两个方面：①提高生产力。海洋产业布局是生产力在空间上的分布，资源环境承载力的差异要求生产力在海洋空间呈非均衡分布，协调生产力的合理布局，能够使得海洋资源得到最有效的利用与生产力最大化的发挥，并实现海洋资源环境的可持续发展。②实现经济效益与社会效益的统一。海洋产业作为国民经济体系的重要组成部分，在国民经济发展规划中占据重要地位，国家根据各个区域海洋资源禀赋及经济发展状况对海洋产业进行总体布局与规划，实现区域间、产业部门间的利益协调，以满足各区域的社会需求，实现海洋资源的有效利用，进而促进海洋经济可持续发展。

2. 海洋产业布局的演化阶段

产业在地域空间内的布局不是一成不变的，具体表现为产业的集聚与扩散两种行为过程。产业集聚与产业扩散是两个截然不同的范畴。产业集聚是指产业向特定地域空间的聚集，而产业扩散是指产业由产业聚集中心向外围地区的移动。产业集聚是后来企业模仿或复制前期进入企业区位行为的结果，其本质是生产要素在特定地理范围的高度聚集，从中起作用的经济机制是规模经济、外部经济及创新活动的形成，以及技术传播的路径与范围等。从产业维度来看，产业集聚可以分为两种基本形式：一是产业部门的空间集聚；二是产业活动的空间集聚。其中，产业部门的空间集聚是产业集聚的高级形式，从历史角度来考察，产业的空间运动经历了由分散布局到产业活动集聚，再到产业部门集聚的演化过程，在这一过程中，产业布局逐渐由无序走向有序。与产业集聚相反，产业扩散本质上是人口、资金、技术等经济要素由产业聚集中心向外围地区移动的过程，其形成机制源于集聚过度产生的集聚不经济。产业扩散总是发生于产业集聚之后，但两者的区分不是绝对的，从另一角度来看，产业扩散的过程也是新一轮产业集聚形成的开始，这种集聚通常会以新的集聚形式表现出来。

海洋产业与陆域产业在布局上存在一些共性，主要表现在：①都遵循产业集聚与扩散的规律；②都存在产业地域分工现象。不同之处在于，海洋产业的集聚与扩散只能在与陆域产业相互作用中完成。这是因为海洋产业内部关联性较弱，海洋产业自身不能构成一个相对独立的产业系统，从而丧失了自我演化的内在机制。实际上，多数海洋产业均是以陆地作为集聚与扩散中心，在与陆域产业相互作用中实现布局形态的演化。海洋产业的这一特征意味着海洋产业链条与陆域产业链条的一体化，同时也意味着陆地产业链条的延长和产业联系的扩展，以这种联系为纽带，海洋产业的发展对其所依托区域的陆域产业乃至整个区域的经济发展都具有广泛的带动作用。正是基于这一作用，海洋产业成为目前我国沿海地区产业结构调整和经济格局重组的主要突破点之一。从沿海地区产业结构创新的角度来看，新兴海洋产业的发展已成为沿海地区产业结构调整的重要方向，海洋科技发展及由海洋开发驱动下的对外开放能力与程度的提高，也将成为沿海地区结构创新的重要动力。从区域空间结构优化的角度来看，以海洋资源开发为基础的海洋产业和临海产业的发展，将带动临海型经济发达地带的形成和发展，从而促进区域经济布局重点向滨海地带推移，区域发展空间进一步拓展，区域空间结构得到重组和优化。

伴随着工业化和城镇化发展进程，在产业集聚与扩散规律作用下，海洋产业布局形态的演化大致经历了以下三个阶段。

第一阶段为均匀分布阶段。在传统社会，海洋产业一直限于"渔盐之利，舟楫之便"三种产业形式。由于技术水平不高，这一时期的海洋产业布局受自然资源和自然环境制约强烈，加之产品不能满足市场需求，海洋产业布局的主要任务是扩大产业生产能力。因此，这一时期海洋产业基本处于自由发展状态，在布局上主要表现为以区域自然环境与资源为导向，以技术扩散为纽带所展开的产业活动空间沿海岸线不断扩展，总体上呈均匀分布的特征。虽然这一时期在局部地区也存在一些以小城镇为代表的集聚经济的形式，但多是基于军事目的或作为沿海渔民与陆地农民产品交换的场所，兼有海陆色彩。

第二阶段为点状分布阶段。这一阶段的基本特征是沿海小城镇快速发展。沿海小城镇是海洋生产要素和产业高度集聚形成的空间实体，是海洋产业集聚性的集中体现。随着海洋经济的不断发展，海洋产业形式不断增多，海洋产业的集聚性不断增强，相关海洋生产要素和产业不断向特定区域空间集聚，从而形成了一批海洋产业特色鲜明的沿海小城镇。这些小城镇便是海洋产业布局中的"点"，它们在一定程度上起着组织区域海洋经济发展的作用。根据产业特征差异，沿海小城镇的发展又可以分为两个阶段：一是数量扩张阶段，这同时也是城镇规模不断扩大，形式、功能不断多样化的阶段；二是功能分化阶段，即沿海城镇体系逐渐形成阶段。城镇体系是一定地域范围内具有紧密联系的不同规模、种类、职能城市所构成的城市群系统。沿海城镇体系的形成是海陆产业融合和沿海城镇内部竞争的结果。基于海陆产业的内部关联和交互作用，部分产业竞争力较强的沿海小城镇在发展过程中会不断吸纳陆域产业向海陆产业混合型小城镇转变，并逐步发展成为区域性的海洋经济中心城市。而另一些小城镇则沦为这些经济中心城市的依托腹地，中心与腹地之间的联系不断增强，分工也逐渐明确。沿海城镇体系是区域城镇体系的重要组成部分，在区域城镇空间结构的演化中发挥着重要作用。海洋经济中心城市是海陆产业相互作用的节点，通常也是陆域经济中心，在集聚和扩散作用下它们不仅向陆域释放和吸收能量，同时也向海域传导能量，由于它们具备海洋科技进步快、海洋产业高级化，并对周围地区具有较强的辐射、带动功能等特征，从而成为一定区域海洋经济的增长极。增长极这一概念首先由法国经济学家弗朗索瓦·佩鲁提出，而作为地理空间概念的增长极则是由汉森等提出。在产业发展上，增长极是产业发展的组织中心；在空间上，增长极是支配经济活动空间分布与组合的重心。海洋经济增长极一经形成，就会成为区域海洋经济乃至整个区域经济增长的极核，在吸引周边地区资源促进自身发展的同时，通过支配效应、扩散效应带动周围地区经济增长。

第三阶段为"点—轴"分布阶段。与陆地产业相同，海洋产业的过度集聚也会产生集聚不经济，因而也会引起海洋经济中心产业的扩散。随着沿海城镇体系的发育，不同海洋经济中心之间、海洋经济中心与陆地区域中心之间、海洋经济中心与其依托腹地之间的经济联系都会不断增强，物质、人口、信息、资金流动日益频繁，这促进了连接它们的各种基础设施线路的形成。而这些线路一旦形成，便会成为承接海洋产业集聚和海洋经济中心产业扩散的重要载体，不断吸引人口和产业向沿线集聚，从而促使海洋产业布局形态逐步由点状分布向"点—轴"分布转变。从吸引产业类型来看，这些线路不仅对陆域产业具有吸引力，而且对海洋产业也具有强烈的吸引力。因此，它们既是区域陆地产业布局的发展"轴"，同时也是区域海洋产业布局的发展"轴"。各种基础设施线路并不是承接海洋经济中心产业扩散的唯一载体，中心城市郊区、次级中心城市及卫星城镇也是海洋经济中心产业扩散的重要去向。伴随着海洋经济中心城市部分产业的外迁，一些辐射范围更广、集约度和附加值更高的海洋产业项目会逐渐取代这些产业成为海洋经济中心城市的主导产业，使海洋经济中心城市的产业结构得到升级，而从中心迁出的产业在中心城市郊区、次级中心城市、卫星城镇及基础设施线路附近的集聚则会促进中心外围地区的发展。因此，从空间角度来看，"点—轴"形态形成和发展的过程是区域海洋经济空间结构调整优化的过程；从产业结构和区域发展角度来看，这一过程也是次级中心城市和卫星城镇发展、海洋经济中心城市产业升级的过程。

综上分析可知，从均匀分布到点状分布，再到点轴分布是海洋产业布局演化的一般过程，在这一过程中，产业集聚与扩散规律始终发挥着主导作用。海洋产业布局的演化过程也是海洋产业分工不断深化的过程。随着海洋产业布局形态逐渐由均匀分布向"点—轴"分布转变，沿海地区间的海洋产业联系日益紧密，海洋产业的开放度和有序度不断提高，海洋产业系统的自我组织和自我调节能力也不断增强。"点—轴"分布并不是海洋产业布局演化过程的终止，而是一种新型产业演化形式的开端，这种形式以各节点间产业利益的再分配、产业区位的再选择和产业空间结构的再调整为主要内容，其实质仍然是海洋产业分工的进一步深化。与此同时，各节点间相对地位的变化及区域海洋经济格局的重构将成为普遍现象。

3. 海洋产业布局的影响因素

影响海洋产业布局的因素很多，按其自身特点可将这些因素分成三大类，即自然因素、技术条件和社会经济条件。

1）自然因素

自然因素具体包括自然条件和自然资源两方面。自然条件和自然资源是一对相互联系的概念。其中，自然条件也称自然环境，是自然界的一部分，指人们生产和生活的自然部分。自然条件诸要素包括：地质、地貌、气候、水文、土壤、生物等，这些因素不仅单个对海洋产业布局施加影响，而且相互联系、相互制约，从而形成影响海洋产业布局活动的自然综合体。多数海洋产业部门的布局都对自然条件有一定要求，当不能满足这些要求时该布局的经济效益将严重降低，甚至不能发展某种产业。自然资源是指自然环境中能被人类利用产生使用价值并影响劳动生产率的部分，是在一定时间和一定条件下，能产生经济效益，以提高人类当前和未来福利的自然因素，包括有形的土地、水体、动植物、矿产和无形的光、热等资源。多数海洋产业都是典型的资源开发型产业，它们都是由对一定海洋资源的开发利用而形成和存在的。因此，海洋资源的种类、储量与质量等级、赋存环境、空间分布等对海洋产业的布局具有重要影响，甚至是决定性影响。自然条件和自然资源对海洋产业布局和社会经济活动的影响是经常性、全方位的，可以说，自然条件和自然资源是海洋产业布局不可缺少的物质基础。首先，它们为海洋产业布局和海洋经济发展提供了必要的前提；

其次，它们为实行劳动地域分工（地区专业化）提供了自然基础；再次，它们也是制约海洋产业结构的重要因素，自然条件的复杂多样是发展地区海洋产业结构多元化的前提；最后，它们也成为影响海洋产业分布的空间界限。自然因素对海洋产业布局的影响是客观的，通常难以通过人为的力量对其加以改变或控制。随着技术的进步，海洋产业布局所受的自然条件和自然资源约束会不断减弱，但自然因素始终是影响海洋产业布局的重要因素。

2）技术条件

技术可分为硬技术和软技术两大类，前者指设备、工具、工艺流程和作业方法等，是传统技术的主要方面；后者指劳动者的生产技能和管理水平，在现代技术中占有较大的分量。如果说自然条件对海洋产业布局的影响是被动的，那么，技术条件对海洋产业布局的影响则是积极的、主动的，它往往决定着海洋产业布局的性质，成为海洋产业布局及其发展、演变的决定性因素。一方面，它能够直接影响海洋产业的布局；另一方面，它会通过影响其他因素间接地影响海洋产业的布局。具体表现如下。

（1）技术条件影响海洋资源开发的深度和广度。由于采掘、提炼、加工和综合利用技术的不断进步，原先一些不为人们注意或不明用途的海洋资源，逐渐被引进生产过程中；一些原先难以利用的低品位海洋矿藏获得了经济利用价值，且资源利用深度不断拓展。

（2）技术条件影响海洋产业布局对原料地、燃料地的地区指向。经济发展初期，传统技术不够成熟，生产费用、运输费用和销售费用在总费用中所占的份额较大，从而引起海洋产业布局指向原料地、燃料地。但随着技术的不断发展，交通、输电、信息技术逐渐成熟，原料、燃料质量大幅度提高，以及新兴原料、燃料不断涌现，使得原有的海洋产业布局在时间和空间上的矛盾减弱易解决，因而大大削弱了原料、燃料产地对海洋产业布局的束缚。

（3）技术条件影响沿海地区产业结构的组成和发展。随着传统技术的进步，生产的机械化、自动化程度越来越高，引起劳动对象、生产工具和作业方法的变化，导致支柱产业从海洋第一产业逐渐向海洋第二、第三产业转移。同时，各海洋产业内部分工也越来越细，海洋产业部门越来越多，最终影响整个沿海地区的海洋产业布局。

（4）科学技术的进步大大拓展了海洋产业布局的空间，改变了海洋产业布局的形态。例如，大型渔船建造和捕捞技术的发展，使海洋捕捞业由近海走向远洋；深海开采技术的研发成功，使深海采矿成为可能；海带养殖技术的发展使我国由纯粹的海带进口国转变为海带养殖大国和出口大国。随着科学技术水平的提高，人类的生存空间将向海洋扩展，海上工厂、海底仓库、海上城市等将成为普遍现象，整个世界的产业地图将被重构。

因此，科学技术是海洋产业布局的决定性因素，一个地区海洋产业布局形态的演化从根本上说是由该地区的海洋科技进步推动的。

3）社会经济条件

影响和制约海洋产业布局的社会经济条件，主要有地理位置、交通和信息条件、人口与劳动力状况、原有的社会经济基础、市场条件，以及体制、政策、规划和法律等。它们共同构成某一地区海洋产业发展与布局的社会经济环境，对海洋产业布局有着深刻的、持久的，有时甚至是决定性的影响。

（1）地理位置、交通和信息条件。地理位置、交通和信息条件是相互联系、相互作用的统一体。首先，地理位置、交通和信息条件是重要的经济资源，在海洋经济发展和海洋产业布局过程中的作用越来越大。一般而言，地理位置、交通和信息条件优越的地方，蕴藏着巨大的经济潜力。在这种地方布局企业将收到投资少、运费低、便于与其他企业合作等效果。其次，地理位置、交通和信息条件直接影响海洋产业的分布。由于地域的限制和水产品自身的特性，非沿海地区无法发展海洋第一产业和海洋采掘业。同时，为便于销售和接受信息，海洋第三产业一般分布在地理位置、交通和信息条件都有利的地方，而非仅仅存在于海岸带的狭窄区域内。最后，地理位置、交通和信息条件在一定程度上决定了某一沿海地区的经济发展方向和海洋产业结构类型。

多数海洋产业布局在海上，而这些产业与陆地之间存在着密切的人员和货物流动，因此对港口的依赖性很强。港口是海洋产业与陆地联系的纽带，一个地区是否具备良好的建港条件、港口的发展状况如何以及陆地集疏运系统是否完善在很大程度上决定着地区海洋产业发展的类型、规模与潜力。

（2）人口与劳动力状况。人既是生产者，也是消费者，所以人口的数量及其变化、人口的素质及其结构以及人口的迁移等，都对海洋产业布局产生影响。首先，某种海洋产业要布局在某一地区，则该地区人口在数量上必须达到一定水平，因为人口越多消费需求就越大，该海洋产业的产品市场也可能越大，但从地区经济发展的角度来看，并非该地区人口越多越好。其次，人口素质及结构对海洋产业布局的影响也是显而易见的，高素质的人口和劳动力是发展高层次海洋产业，即技术密集型、知识密集型海洋产业的基础。最后，人口向沿海地区迁移是沿海地区经济社会发展和地区开发的积极因素，它与海洋产业布局的优化是相互促进的。

（3）原有的社会经济基础。海洋产业布局具有历史继承性，充分利用与发挥已有的社会经济基础的优势，深入剖析原有布局的客观依据，对于优化海洋产业布局具有积极意义。海洋产业布局一旦形成就很难改变，所以必须充分利用已有的经济基础，采取科学的态度，结合现实需要与可能性，充分利用其中的有利条件，尽量避免其不利的方面，趋利避害，扬长避短。

（4）市场条件。市场是制约海洋产业布局的决定性因素。如果自然条件、自然资源、劳动力和科学技术等是从生产的可能性方面影响海洋产业布局的，那么市场和消费条件则是从生产目的方面影响海洋产业分布的。消费水平的提高、市场条件的变化，都对海洋产业布局起决定作用。市场是千变万化的，需要对其进行开发，因此，海洋产业布局也要根据市场调查和预测结果相应进行调整及优化。

（5）体制、政策、规划和法律等。海洋产业布局是一项十分复杂的系统工程，需要考虑诸多因素。因此，海洋产业布局需要做好规划设计工作，并加强规划的落实。虽然现在我国实行的是市场经济体制，但各地区、高层次区域的一些部门仍坚持制定年度计划、五年规划和十年远景规划。这些计划和规划虽不像以前那样具有行政乃至法律效力，但对海洋产业布局仍有很大约束作用，并为海洋产业布局提供资金、政策等方面的保障，是海洋产业布局的重要依据。

综上所述，海洋产业布局形态是以上因素共同作用的结果，各因素均对海洋产业布局施加一定的作用力，其合力决定了海洋产业布局最终的区位指向。

第二节　海洋产业经济学的基础理论

一、海洋产业结构相关理论

1. 产业结构演变理论

海洋产业结构的演变是指海洋产业生产要素的合理配置和协调发展。海洋产业结构的演变是有一定规律的，在总体趋势上是从低级到高级的上升过程，主要包括海洋产业结构合理化和高度化两方面内容：①海洋产业结构的合理化要求在海洋产业发展过程中要合理配置生产要素，协调海洋产业部门的比例关系，为实现海洋经济的高质量增长打下基础；②海洋产业结构的高度化是指产业结构的高知识化、高技术化、高加工度化和高附加值化的动态过程。基于海洋结构演变的基本规律，结合区域发展海洋经济的资源环境和区域国民经济发展战略，制定区域海洋经济发展规划和政策，通过市场选择和政府宏观调控，使海洋经济各产业部门进行重新组合，以实现海洋产业结构的调整，进而实现海洋产业结构的优化升级（图 2-2）。

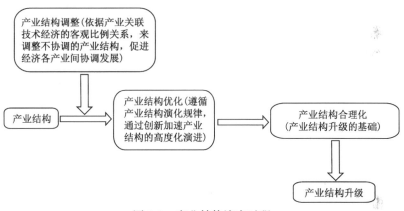

图 2-2　产业结构演变过程

产业结构演变理论主要是关于三次产业结构及工业内部结构的演变规律，其代表理论有：配第-克拉克定理、库兹涅茨的人均收入影响论、罗斯托主导产业扩散理论、钱纳里标准产业结构和工业化阶段理论等。

1）配第-克拉克定理

17 世纪，英国经济学家威廉·配第从国民收入水平差异和产业结构变动的关系角度阐述了产业结构变动的规律，即工业收入比农业收入高，商业收入又比工业收入高。之后，英国经济学家、统计学家科林·克拉克从劳动力转移与产业结构变动的关系角度得出了产业结构演进的规律，即劳动力在第一、第二和第三产业之间的变动，与区域经济的发展和由此导致的人均国民收入的增加关系密切。结合配第的研究成果，克拉克对 20 个国家的部门投入与产出时间序列数据进行了深度挖掘和分析，形成了在全球具有广泛影响力的《经济进步的条件》一书，得到了配第-克拉克定理，即随着人均国民收入水平的提高，劳动力首先由第一产业向第二产业转移；随着人均国民收入水平进一步提高，劳动力便向第三产业转移。这样，第一产业的劳动力逐渐减少，第二、第三产业的劳动力将逐渐增加。而劳动力分布结构变化的动力是经济发展中产业的相对收入差异。

2）库兹涅茨的人均收入影响论

由被誉为"GNP之父"的美国著名经济学家西蒙·库兹涅茨在克拉克研究的基础上，潜心研究十余载，在研究过程中进一步收集、整理了欧美各主要国家的相关统计数据，并从各产业间劳动力分布、劳动力转移、国民收入水平三方面对经济结构变革与经济发展关系做了细致分析，得出结论：随着现代经济的增长，即在国民生产总值不断增长和按人口平均国民收入不断提高的情况下，国民经济中各产业部门的产值份额和劳动力份额都会发生较大改变，不同部门变化趋势各异。其一般趋势是，在社会发展进程中，随着国民生产总值的不断提高，农业部门产值和劳动力比重都趋于下降。工业和服务业两个部门的产值份额和劳动力份额的变化趋势却不同，主要体现在工业部门的产值份额上升的同时，工业部门生产效率提升，劳动吸纳能力有限，使得劳动力份额大体不变或者略有上升。与之形成对比的是，服务业部门较难与经济增长同步，其产值份额处于大体不变或略有上升的同时，因为具有较高就业吸纳能力，其劳动力份额实现大幅度上升。该理论经过长期演变，成为当代优化产业结构的重要指导理论之一。

3）罗斯托有关主导产业的两个理论

罗斯托首先提出了主导产业扩散理论和经济成长阶段论。他认为，无论在任何时期，甚至在一个已经成熟并继续成长的经济体系中，经济增长之所以能够保持下去，是因为为数不多的主导部门迅速扩大，而且这种扩大又对产业部门产生了重要作用，即产生了主导产业的扩散效应，包括回顾效应、旁侧效应和前向效应。罗斯托的这些理论被称为罗斯托主导产业扩散效应理论。他根据科学技术和生产力发展水平，将经济成长的过程划分为五个阶段：传统社会阶段、为"起飞"创造前提的阶段、"起飞"阶段、向成熟挺进阶段、高额大众消费阶段。后来他在《政治与成长阶段》一书中又增加了"追求生活质量"阶段。

4）钱纳里标准产业结构和工业化阶段理论

钱纳里在库兹涅茨的研究基础上，对产业结构变动的一般趋势进行了更加深入的研究，建立了标准产业结构。他将产业结构变化作为主要变量，人均国民生产总值和人口作为外生变量。得到的结论为：随着人均国民生产总值增长，第一、第二产业的市场占有率均下滑；随着人口增加，第一、第二产业的市场占有率均上升，其中第一产业更为明显，第三产业呈下降趋势；资源分配的投资比例增加时，第一、第二产业的市场占有率均表现为上升趋势，第三产业则表现为下降趋势；初次产业输出比率增加时，仅第一产业市场占有率呈上升趋势，第二、第三产业均表现为下降趋势；工业品输出比率增加时，第一产业市场占有率下降，第二、第三产业均表现出上升趋势。钱纳里的标准产业结构模型，对产业结构演进过程中的大量相互关系现象做了进一步的解释，描述了不同类型国家产业结构变化的特征及其差异性。

同时，钱纳里从经济发展的长期过程中考察了制造业内部各产业部门的地位和作用的变动，揭示了制造业内部结构转换的原因，即产业间存在着产业关联效应。为了解制造业内部的结构变动趋势，他通过深入考察发现了制造业发展受人均 GNP、需求规模和投资率的影响大，而受工业品和初级品输出率的影响小。他进而将制造业的发展分为三个发展时期：经济发展初期、中期和后期。同时他将制造业按三个不同时期划分为三种不同类型的产业：①初级产业，是指经济发展初期对经济发展起主要作用的制造业部门，如食品、皮革、纺织等部门；②中期产业，是指经济发展中期对经济发展起主要作用的制造业部门，如非金属矿产品、橡胶制品、木材加工、石油、化工、煤炭制造等部门；③后期产业，指在经济发展后期起主要作用的制造业部门，如服装和日用品、印刷出版、粗钢、纸制品、金属制品和机械制造等部门。

2. 产业结构调整理论

产业结构调整是根据现有产业状态，通过输入一种信号和能量，引起产业结构的变动，从而形成新的产业结构状态。产业结构调整理论主要研究国家或地区如何通过产业结构优化与升级来推动区域经济发展。有关产业结构调整的理论研究成果较为丰富，其代表理论有：刘易斯（W. A. Lewis）的二元结构转变理论、赫希曼（A. O. Hirschman）的不平衡增长理论、罗斯托的主导部门理论和筱原三代平的两基准理论。

1）刘易斯的二元结构转变理论

该理论建立在三个基本假定的基础上：①第一产业中每增加一单位的资本

所增加的生产量为零，甚至低于这个值；②从事非农业劳动者的收入水平取决于农民人均生产水平；③农业收入的储蓄能力远远低于城市第二产业的利润储蓄能力。

工资不是由工人的边际生产力决定的，而是取决于劳动者平均得到的劳动产品数量。因此工业发展就可以不断积累劳动力，因为工业部门边际劳动生产率高于农业部门，工资水平也略高于农业生产部门，所以工业部门可以从农业部门吸收农业剩余劳动力。当劳动力不断供给，工业部门会逐渐扩大而农业部门却不断缩小，最终导致工业、农业劳动力边际生产率相等，即伴随劳动力的转移，二元经济转变为一元经济。

2）赫希曼的不平衡增长理论

赫希曼认为，发展中国家要利用有限的资源创造最大化的利益，就要有选择地投入到特定行业，从而达到促进经济增长的目的，即不平衡增长。在发展中国家，有限的资本在社会资本和直接生产之间的分配具有替代性，因此可以通过两种途径实现不平衡增长：一是"短缺的发展"，即先对直接生产资本投资，引起社会资本短缺，而社会资本短缺引起直接生产成本的提高，这便迫使投资向社会资本转移以取得二者间的平衡，然后再通过对直接生产成本的投资引发新一轮不平衡增长过程；二是"过剩的发展"，选其中一种先进行投入，然后降低另一种的成本，以促使第一种投入增加，直到二者相等，再循环。不平衡增长理论基本上符合我国的实际情况，因为我国改革开放以来的经济发展走的就是一条"不平衡增长"的道路。至于选择哪一条不平衡增长道路，则应视经济发展的瓶颈制约而定。

3）罗斯托的主导部门理论

罗斯托根据技术标准把经济成长阶段划分为传统社会、为"起飞"创造前提、"起飞"、成熟、高额群众消费、追求生活质量六个阶段，而每个阶段的演进是以主导产业部门的更替为特征的。他认为经济成长的各个阶段都存在相应的起主导作用的产业部门，主导部门通过回顾、前瞻、旁侧三重影响带动其他部门发展。与六个经济成长阶段相对应，罗斯托在《战后二十五年的经济史和国际经济组织的任务》一文中，列出了五种主导部门综合体系：①作为"起飞"前提的主导部门综合体系，主要是食品、饮料、烟草、水泥、砖瓦等工业部门；②替代进口货的消费品制造业综合体系，主要是非耐用消费品的生产部门；③重型工业和制造业综合体系，如钢铁、煤炭、电力、通用机械、肥料等工业部门；④汽车工业综合体系；⑤生活质量部门综合体系，主要指服务业、城市和城郊建筑业等部门。

罗斯托认为主导部门序列不可任意改变，任何国家都要经历由低级向高级的发展过程。罗斯托提出的主导部门通过投入产出关系而带动经济增长的看法，以及主导部门并非固定不变的看法，可供借鉴。

4）筱原三代平的两基准理论

两基准是指收入弹性基准和生产率上升基准。收入弹性基准要求把积累投向收入弹性大的行业或部门，因为这些行业或部门有广阔的市场需求，便于利用规模经济效益，迅速地提高利润率；生产率上升基准要求积累投向生产率（指全要素生产率）上升最快的行业或部门，因为这些行业或部门由于生产率上升快，单位成本下降最快，在工资一定的条件下，该行业或部门的利润也必然上升最快。两基准理论以下列条件为基本前提：①基础产业相当完善，不存在瓶颈制约，或者即使存在一定程度的瓶颈制约，但要素具有充分的流动性，资源能够在短期内迅速向颈瓶部门转移，尽快缓解瓶颈状态；②产业发展中不存在技术约束；③不存在资金约束。如果上述条件不存在，两基准理论就未必成立，因此利用两基准理论选择优先发展产业也未必可行。

3. 产业结构优化理论

产业结构优化则是通过产业结构的调整，推动产业结构合理化和高级化，使经济在产业结构效应的作用下，得到持续快速增长的过程。前者主要依据产业关联技术经济的客观比例关系，来调整不协调的产业结构，促进经济各产业间协调发展；后者主要遵循产业结构演化规律，通过创新加速产业结构的高度化演进。产业结构合理化和高度化不是相互独立进行的，而是密切相关的。合理化是高度化的前提基础，高度化是合理化的目标方向，只有实现合理化才有可能实现高度化。产业结构合理化和高度化在产业结构优化过程中是高度统一的，但是二者的着重点不同，产业结构合理化注重短期内的经济效益，而产业结构高级化更注重经济发展的长远利益，关注产业未来的发展。

海洋产业结构优化是指海洋生产要素的配置逐渐合理，海洋产业协调发展，海洋经济总体发展水平不断提高的过程。具体来说，海洋产业结构优化是海洋产业之间的经济技术联系包括数量比例关系由不协调不断走向协调的合理化过程，是海洋产业结构由低层次不断向高层次演进的高度化过程（图 2-3）。海洋产业结构优化主要受内外两方面因素影响。供给因素、市场需求、科技创新是内在动力，由于海洋产业的发展受各地区海洋发展战略和政策的影响很大，所以区域经济体制、发展模式及产业政策是海洋产业结构优化的外在动力。由于各区域的经济发展水平、海洋资源环境、科技进步水平及劳动力等因素不同，其海洋产业结构也会不相同，所以区域海洋产业结构优化是相对的。一个地区在制定相关产业发展政策时要从实际情况出发确定产业结构调整的重点，当产业结构极度不平衡时，应当以产业结构合理化为重心制定相关产业结构调整政策；而当产业结构相对较合理时，则应实行以高度化为目标的产业发展政策。

图 2-3　海洋产业结构优化过程

海洋产业结构优化理论主要包括两个方面的内容，分别为产业结构不断合理化和产业结构趋于高度化。海洋产业结构是不断变化的，这种变化对经济的发展可能是有利的，也可能在一定程度上阻碍经济的快速发展。当海洋产业结构不再适应经济快速发展的要求时，就需要对其进行必要的调整。实现海洋产业的结构优化，首先要确立海洋产业结构相对合理化和高度化的判断准则，其次在此基础上进一步对海洋产业结构存在的问题进行分析，引入现代经济学分析方法中的优化思想，最后对海洋产业的结构进行优化。只要调整过程能够推动海洋产业结构趋于合理化，或者能够更加适应经济的快速发展，不管在调整过程中大力借助当前存在的市场机制还是采用政策干预机制，这一调整过程都被称为海洋产业结构优化的过程。

海洋产业结构优化的目的是让海洋产业间比例关系更加合理，更好地利用自然资源，各个海洋产业之间更加协调地发展以满足社会的需求，让海洋经济产出最佳的效益。海洋产业结构优化的实质是让海洋资源可以更好地实现海洋产业间的高效利用和最优配置，促进海洋产业经济稳定、协调、高效率发展。海洋产业结构在发展优化的过程中，优化的标准通常是达到产业结构合理化、产业结构高度化。

1）产业结构合理化理论

对于一个国家来说，国民经济的协调发展和国民经济的良性循环，在很大程度上取决于这个国家合理的产业结构。合理的产业结构主要体现在四个方面：社会需求能够实现，国民经济持续稳定增长；国民经济各部门协调发展，社会扩大再生产发展中，生产、交换、分配、消费顺畅进行；本国的人力、财力、物力和自然资源得到有效充分利用，以及分享国际分工带来的好处；资源、人口、环境得到良性循环发展。

工业的产业结构合理化，通常是指工业内部结构比例关系协调，每个部门社会需求可以得到满足，每个工业部门的生产能力都有合理的需求方向；企业的经济效益较好，部门中间消耗系数降到最低，各部门的最终产品率达到较高水平，资源得到合理利用；工业结构具有有序变动性和开放性，能够确保工业部门结构从低级向高级有序地进行转换。

海洋产业结构合理化主要是指根据资源条件理顺结构和消费需求，在一定的经济发展阶段中，资源在配置上更加合理，资源可以得到更有效的利用。通常由政府的引导和规范去实现海洋产业结构合理化。在海洋产业结构的合理化调整中，通常基础产业发展较慢是制约海洋产业结构优化的主要瓶颈。对此，政府在制定相关的政策时，需要通过相关产业的政策运用，积极引导资本进入相关的海洋产业中。加大对投资区域的引导，使资本投入到需要优化的产业中，以增强这个产业的协调和联系，最终实现下游企业之间、上游企业之间以及上下游企业之间的交互联系，不断实现需要优化的产业的提升。

2）产业结构高度化理论

产业结构高度化也称产业结构高级化。高度化的概念来源于日本，是第二次世界大战后期日本实行经济复苏政策时提出的产业政策之一，他们当时认为产业结构高度化是通过产业结构调整形成合理产业结构并实现产业结构中各部分协调发展、高效运行的动态过程。这一过程中产业技术水平、产业规模、产业效益等各个因素全面提升，随着产业结构随着经济不断发展，资源配置在三次产业间依次转移，这一过程可以判断一国经济发展水平的高低和目前所处的发展阶段以及未来的发展方向。

一般来说，从产业结构的基本含义来看，高度化有三个方面的内容：①产品高附加值化和高技术化，是指在产品生产过程中大面积、积极地运用社会中出现并日趋成熟的高新技术，把原本简单的产品通过技术改造，增加其产品附加值，实现最终价值的提升；②产业高集约化，指产业内企业通过相互协调形成产业集聚，从而产生规模经济效益；③产业高加工度化，指对产品原始加工过程不断改进和加深，实现加工深度化。

产业结构高度化与产业结构合理化相互联系、相互制约，共同促进产业结构优化。两者表现为质变和量变的关系，产业结构合理化表现为产业结构优化的量变，量变仅是数量上的变化，而产业结构高度化则是产业结构优化的质变，质变表现为结构内部发生变化，即组成更加协调，配合更加密切，量变发展到一定程度后形成质变，产业结构合理化到一定程度则发生产业结构高度化。因此产业结构合理化是产业结构高度化发生的基础，而产业结构高度化则是产业结构合理化的目标，脱离合理化的高度化只能是一种"虚高度化"。产业结构高度化是产业结构非均衡成长的过程，它的发展往往要打破原有的合理化状态，使产业结构从低水平逐渐向高水平演进，达到更高的合理化状态。

海洋产业结构高度化主要体现在海洋产业高加工度化，海洋工业从以原材料生产为中心的工业向以加工组装为中心的工业发展；技术集约化，海洋资源结构逐渐向以技术为主体的结构转变；产品的附加值提高，海洋产业结构选择向附加值高的部门发展。随着海洋产业结构不断调整，高加工行业快速发展，劳动力质量和技术资本的质量不断成为海洋产业发展中资源结构的重要因素；同时，知识和技术也不断融入生产活动中，加快了产业结构的高度化发展，知识密集型和技术密集型产业的地位和产品的比重也不断提高。

二、海洋产业布局相关理论

1. 区位理论

区位论思想起源于 17～18 世纪政治经济学对区位问题的研究，而系统的区位理论形成于 19 世纪。区位论从特定的经济单元利益最大化出发，分析其空间布局的主要影响因素，从而为区位决策提供依据。海洋产业布局的典型区位理论有以下几种。

1）杜能的农业区位理论

德国农业经济学家、农业地理学家杜能于 1826 年推出《孤立国同农业和国民经济之关系》一书，首次系统地阐述了农业区位理论的思想，确定了农业区位理论的基础。作为农业区位理论的开山之作，杜能的农业区位理论同时也是影响最大、最主要的农业区位理论，即在中心城市周围，在自然、交通、技术条件相同的情况下，不同地方对中心城市距离远近所带来的运费差，决定不同地方农产品纯收益（杜能称作"经济地租"）的大小。纯收益成为市场距离的函数。按这种方式，形成以城市为中心，由内向外呈同心圆状的六个农业地带，即著名的"杜能圈"（图 2-4）：第一圈为自由农业地带，生产易腐的蔬菜及鲜奶等食品；第二圈为林业带，为城市提供烧柴及木料；第三至第五圈都是以生产谷物为主，但集约化程度逐渐降低的农耕带；第六圈为粗放畜牧业带，最外侧为未耕的荒野。杜能学说的意义不仅在于阐明市场距离对于农业生产集约程度和土地利用类型（农业类型）的影响，更重要的是首次明确了土地利用方式（或农业类型）的区位存在着客观规律性和优势区位的相对性。

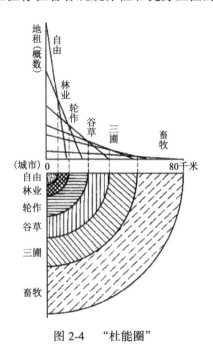

图 2-4　"杜能圈"

2）韦伯的工业区位理论

韦伯继承了杜能的思想，在 20 世纪初推出两部著作——《论工业区位》和《工业区位理论》，得出三条区位法则——运输区位法则、劳动区位法则和集聚或分散法则。韦伯认为区位因子决定生产场所，它将企业吸引到生产费用最小、节约费用最大的地点。韦伯将区位因子分成适用于所有工业部门的一般区位因子和只适用于某些特定工业的特殊区位因子，特殊区位因子如湿度对纺织工业、易腐性对食品工业。经过反复推导，确定三个一般区位因子：运费、劳动费、集聚和分散。他将这一过程分为三个阶段：第一阶段，假定工业生产引向最有利的运费地点，就是由运费的第一个地方区位因子勾画出各地区基础工业的区位网络（基本格局）；第二阶段，第二地方区位因子劳动费对这一网络首先产生修改作用，使工业有可能由运费最低点引向劳动费最低点；第三阶段，单一的力（凝集力或分散力）形成的集聚或分散因子修改基本网络，有可能使工业从运费最低点趋向集中（分散）于其他地点。

（1）运输区位法则。假定铁路是唯一的运输手段，以"吨公里"数来计算运费。已知甲方为消费地，乙方为原料（包括燃料）产地，未知的生产地丙方必须位于从生产到销售全过程中吨公里数最小的地点。吨公里数量小的地点在什么地方，是根据运费确定区位的核心问题。韦伯研究了原料指数（即限地性原料重量与制品单位重量之比）与运费的关系，认为指数越小，运费越低，从而得出运输区位法则的一般规律：原料指数>1 时，生产地多设于原料产地（如钢铁、水泥、造纸、面粉、葡萄酒）；原料指数<1 时，生产地多设于消费区（如啤酒、酱油）；原料指数近似 1 时，生产地设于原料地或消费地皆可（如石油精制、医疗器械），几乎完全根据原料指数确定工业区位。

（2）劳动区位法则。某地由于劳动费低廉，将生产区位从运费最低地点引向劳动费用最低的地点。工业的劳动费是指进行特定生产过程中，单位产品中工资的数量。

（3）集聚或分散区位法则。集聚和分散是相反方向的吸引力，将工厂从运费最小点引向集聚地区或分散地区。如果集聚或分散获得的利益大于工业企业从运输费用最小点迁出而增加的运费额，企业可以进行集聚或分散移动。具体推算方法也可利用等费线理论。

韦伯的工业区位理论至今仍为区域科学和工业布局的基本理论，但在实际应用中有很大的局限性。

3）克里斯塔勒的中心地理论

中心地理论是由德国经济地理学家克里斯塔勒于 1933 年在其著作《德国南部的中心地》一书中提出的，被认为是 20 世纪人文地理学最重要的贡献之一，它是研究城市群和城市化的基础理论之一，也是西方马克思主义地理学建立的基础之一。中心地理论将区位理论扩展到聚落分布和市场研究，认为组织物质财富生产和流通最有效的空间结构是一个以中心城市为中心、由相应的多级市场区组成的网络体系。在此基础上，他提出了正六边形的中心地网络体系（图 2-5）。

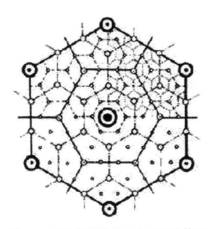

图 2-5　克里斯塔勒的中心地网络体系

4）洛施的市场区位论

德国经济学家洛施（A. Losch）在《经济空间秩序》一书中把市场需求作为空间变量来研究区位理论，进而探讨了市场区位体系和工业企业最大利润的区位，形成了市场区位理论。市场区位理论将空间均衡的思想引入区位分析，研究市场规模和市场需求结构对区位选择和产业配置的影响。

洛施认为，每一单个企业产品销售范围，最初是以产地为圆心、以最大销售距离为半径的圆形，而产品价格又是需求量的递减函数，所以以单个企业的产品总销售额是需求曲线在销售圆区旋转形成的圆锥体。随着更多工厂的介入，每个企业都有自己的销售范围，由此形成了圆外空当，即圆外有很多潜在的消费者不能得到市场的供给。但是这种圆形市场仅仅是短期的，因为通过自由竞争，每个企业都想扩大自己的市场范围，因此圆与圆之间的空当被新的竞争者所占领，圆形市场被挤压，最后形成了六边形的市场网络。这种理论与克里斯塔勒的中心地理论很相似。

洛施的市场区位理论以市场需求作为空间变量对市场区位体系进行解释，对区位理论的发展具有重要的意义。洛施认为，工业区位应该选择在能够获得最大利润的市场地域，他把利润最大化原则同产品的销售范围联系在一起，认为一个经济个体的区位选择不仅受其他相关经济个体的影响，而且也受消费者、供给者的影响。在此基础上，他认为在空间区位达到均衡时，最佳的空间范围是正六边形。

5）高兹的海港区位论

高兹（E. A. Kautz）在《海港区位论》中提出的海港区位论，成为海洋产业布局中最为直接的理论。他强调自然条件的区位作用，采用了经济与地理相结合的方法，把港口和腹地联系起来综合考虑，提出了"总体最小费用"原则，以追求海港建设的最优位置。高兹认为，理想的海港区位，应该是将由腹地经陆路到达海港及再经海上到达海外诸港的总运费压缩至最低，同时建港本身的投资在技术上应该是最小的。海港区位论为港区经济发展带来了重要启示：一是港口与腹地相互依存；二是港口与腹地有机统一；三是港口是腹地区域中最重要的集聚因素。因此，港口是"港口—腹地"地域系统的"龙头"，能够带动"龙身"即腹地经济的发展。然而，高兹的海港区位论仍然具有一定的局限性，他在研究中忽略了一个与一般工业布局最大的区别，那就是影响海港区位力度最大的一个因子，即自然条件和腹地经济容量，也就是说他忽略了临海经济的资源和环境的承载力。高兹的研究是海洋产业布局研究的开端，它使港口研究成为海洋产业布局研究中最有价值的一个研究领域。

6）胡佛的运输区位论

美国学者胡佛（E. M. Hoover）在其1948年出版的《经济活动的区位》中首先提出了运输费用结构理论，他将运输费用划分为装卸费用和线路营运费用两部分，由于包括仓库、码头、营业机构、维修等开支的装卸费用不受运行里程影响，因此，运行费与运输距离呈正比，而终点费与运输距离无关，每吨公里的运费随运距增加而递减，从而修正了韦伯理论中运费与距离成比例的基本图形。

2. 非均衡增长理论

1）增长极理论

1950年法国经济学家弗郎索瓦·佩鲁（Francois Perroux）首次提出增长极理论，该理论奠定了西方区域经济学中经济区域观念的基础，为不平衡发展理论提供了依据。他认为，如果把发生支配效应的经济空间看作力场，那么位于这个力场中的推进性单元就可以描述为增长极。增长极是围绕推进性的主导工业部门而组织的有活力的高度联合的一组产业，它不仅能迅速增长，而且能通过乘数效应推动其他产业的增长。因此，增长并非出现在所有地方，而是以不同强度首先出现在一些增长点或增长极上，这些增长点或增长极通过不同的渠道向外扩散，对整个经济产生不同的影响。他借用了磁场内部运动在磁极最强这一规律，称经济发展的这种区域极化为增长极。增长极理论指出，一个国家要实现平衡发展只是一种理想，在现实中是不可能的，经济的增长往往要从一个或多个增长中心逐步向其他部门或地区传导。因此，要选择某一特定的地理空间作为经济的增长极，以促进整个地区经济发展。

增长极理论有狭义和广义之分。狭义增长极理论包括产业增长极、城市增长极与潜在的经济增长极。广义增长极理论是指一切能带动经济增长的积极因素和生长点，包括制度创新点、对外开放度、消费热点等。

2）中心—外围理论

1966 年，美国学者约翰·弗里德曼以中心体系与区域经济发展不平衡思想为基础，在其专著《区域发展政策》中提出了中心—外围理论，他在考虑区域经济发展不平衡长期趋势的基础上，将经济系统空间结构划分为中心和外围两部分，构成了一个完整的空间二元结构。他认为中心区发展条件优越，经济效益较高，处于支配地位，而外围区发展条件较差，经济效益较低，处于被支配地位。因此，经济发展必然伴随着各生产要素从外围区向中心区净转移。在经济发展初始阶段，二元结构十分明显，最初表现为一种单核结构，随着经济进入"起飞"阶段，单核结构逐渐被多核结构替代；当经济进入持续增长阶段，随着政府政策干预，各区域优势充分发挥，经济获得全面发展。该理论对制定区域发展政策具有指导意义，但其关于二元区域结构随经济进入持续增长阶段而消失的观点存在很大争议。

3）循环累积因果理论

瑞典著名经济学家冈纳·缪尔达尔在其 1957 年出版的《经济理论与不发达地区》一书中提出了循环累积因果理论。该理论认为，经济发展过程在时间上并不是同时产生，在空间上也不是均匀扩散的，而是从一些条件较好的地区开始，一旦这些区域由于初始优势而比其他区域超前发展，这些区域就通过累积因果过程不断积累有利因素继续超前发展，从而进一步强化和加剧区域间的不平衡，导致增长区域和滞后区域之间发生空间相互作用。由此产生两种相反的效应：一是回流效应，表现为各生产要素从不发达区域向发达区域流动，使区域经济差异不断扩散；二是扩散效应，表现为各生产要素从发达区域向不发达区域流动，使区域发展差异缩小。在市场机制的作用下，回流效应远大于扩散效应。基于此，缪尔达尔提出了区域发展的政策主张：在经济发展初期，政府应当采取不平衡发展战略，优先发展有较强经济增长势头的地区，以寻求较好的投资效率和较快的经济增长速度，通过扩散效应带动其他地区的发展。但当经济发展到一定水平时，也要防止循环累积因果造成贫富差距的无限扩大，政府应采取一些特殊政策来刺激落后地区的发展，以缩小经济差距。

4）劳动地域分工理论

劳动地域分工理论是指一些国家或地区专门生产某些产品或产品的某一部分，而其他国家或地区专门生产另一些产品或产品的某一部分，它们之间通过商品流通和交流，满足社会对产品成本的需求，从而达到发挥地区优势的目标。

劳动地域分工是社会分工的空间形式，地域分工的前提或性质是生产产品的区际交换与贸易，是产品的生产地和消费地的分离。地域分工的规模随着产品交换和贸易的扩大而不断扩大。

劳动地域分工的形成是以部门分工为基础的，而部门分工又是以生产力的变革作为原动力的。生产力变革，引起了部门分工，进而引起劳动地域分工，这是生产力对劳动地域分工的推动作用。正如亚当·斯密"看不见的手"和凯恩斯"看得见的手"一样，劳动地域分工的形成并不单纯是生产力的作用，其中也包括政治、军事、文化等要素的制约。生产力的作用具有柔性、周期长，生产力处于主导地位，促进了全球经济体系的形成；政治、军事、文化要素的作用具有刚性、影响迅速，往往对局部产生影响。二者的叠合使得劳动地域分工的实际形式复杂化。劳动地域分工的最终目的是获得更大的经济、社会、生态效益。在前资本主义社会，自然经济占主导地位，劳动部门分工和劳动地域分工都不发达，地域间的经济联系薄弱，生产力水平较为低下。到了资本主义时期，由于部门分工的大发展和地域分工的深化，部门专业化和地域专门化已经成为社会经济的普遍现象，各个地区都可以充分发挥自己的优势，从而获得更大的经济利益。进入 21 世纪以后，获得更多的生态效益，是全球劳动地域分工的新内涵。

5）地域生产综合体开发理论

这是苏联广泛采用的一种产业布局理论，它的理论基础是苏联学者科洛索夫斯基的生产循环理论。地域生产综合体开发理论以开发特定区域丰富的自然资源为基础，发展形成主导产业或主导产业群，同时相应发展与主导产业（群）相关联的产业，合理综合利用各种资源，并对各种基础设施进行统一安排。这种理论的产业布局形式，需要国家的大量投资，并且以资源的开发为特点。该理论是为了完成重大国民经济任务而建立的，是国家的一次性投资、跳跃性的发展。

6）梯度转移理论

区域经济学吸收雷蒙德·弗农的产品生命周期理论，产生了梯度转移理论。产品生命周期即产品在市场竞争中有不同阶段：①新产品形成阶段；②成熟产品阶段；③标准化产品阶段。在新产品形成阶段，产品的生产技术、生产工艺尚未成熟，因而最好选择在国内生产，此时国内完全掌握该产品的生产技术，处于技术垄断时期，企业可以选择对外贸易来获取高额利润。当商品进入成熟阶段，产品的技术逐步被其他国家掌握和复制，贸易壁垒也逐步提高，此时市场竞争加剧，价格因素成为决定性因素，企业有必要进行国外直接投资，以扩大市场容量，抑制国外竞争对手。当商品进入最后一个阶段即标准化产品阶段时，技术垄断地位完全丧失，国际市场成为完全竞争市场，跨国企业为了降低生产成本，必将企业设在资源丰富、劳动力廉价的地区，并且将生产的产品运回母国。

梯度转移理论认为区域经济发展取决于产品结构状况，主导产业处于新产品形成阶段时该地区具有发展潜力，处于高梯度区域，创新研发多集中于此阶段。随着产品生命周期的演化，生产活动逐步由高梯度区域向低梯度区域转移，转移的载体为不同层次的城市系统。与此相类似的理论有日本经济学家赤松要提出的"雁形模式"理论，该理论指一个国家将自己即将失去竞争优势的产业（边际产业）转移到欠发达国家，使其成为该国家的比较优势产业，这种转移为欠发达国家带去了技术与经验，可以充分利用欠发达国家的资源禀赋，而自身专注于具有竞争优势的产业，从而实现产业的国际转移，这不仅改善了各国的产业结构，而且扩大了双边贸易量，因而成为顺贸易导向投资。

梯度转移理论认为，工业生产中出现的重要新兴部门与新产品一般都发源于经济发达地区，即地区发展梯度图上一些高峰的尖端，往往是经济最发达地区的沿海大城市。这也在一定程度上解释了沿海地区经济发展相对较快的原因。将创新活动放在决定区域发展梯度层的重要地位，也为沿海地区进一步发展提供了有益指导。

7）"点—轴"系统理论

1984年10月在乌鲁木齐召开的全国经济地理和国土规划学术讨论会上，著名经济地理学家陆大道首次提出了"点—轴"系统理论，他的《工业的点轴开发模式与长江流域经济发展》《2000年我国工业生产力布局总图的科学基础》两篇文章分别于1985年、1986年发表在《学习与实践》和《地理科学》上。

随后，陆大道在对我国宏观区域发展长期研究与深入实践的基础上，进一步阐述了"点—轴空间结构的形成过程""发展轴的结构与类型""点—轴渐进式扩散""点—轴—聚集区"等多方面内容，发表了一系列研究成果，至 20 世纪 90 年代形成了完整的"点—轴"系统理论体系。

"点—轴"系统是点轴开发模式在地域空间上的组织形式，强调的是社会经济要素在空间上的组织形态，包括集中与分散程度，合理集聚与分散和最满意或适度规模，由"点"到"点—轴"再到"点—轴—集聚区"的空间扩散过程和扩散模式。将"点—轴"系统理论用于经济带的形成和演进是一种对空间结构的解释，经济带的组成要素首先是轴，其次是连接在轴线上的点，再次是经济带的辐射范围，其空间形态的形成过程是先出现经济发展水平不同的点，然后出现不同层次的轴，最后才是域面。

海洋经济"点—轴"形式的开发，能促进资源有效循环和高效使用，使海洋产业结构的优化同空间布局的合理化有机结合起来，构成综合海洋经济核心区。我国提出了多个上升为国家战略层面的沿海经济开发带和海洋经济区，包括天津滨海新区、辽宁沿海经济带、山东半岛蓝色经济区、江苏沿海地区、浙江海洋经济示范区、福建海峡西岸经济区、广东海洋经济综合试验区、北部湾经济区等。

8）倒 U 形理论

美国著名经济学家威廉姆于 1965 年在研究区域经济差异时，运用经济发展理论，通过对 24 个国家经济增长的资料进行分析，提出如下观点：在一个国家内，当经济发展处于初期阶段时，区域经济差异一般不是很大；随着国民经济整体发展速度的加快，区域之间的经济差异就会随之扩大；当国家的经济发展达到相对高的水平时，区域之间的经济差异扩大趋势就会减缓，继而停止；随着国民经济进一步发展，区域之间的差异就会呈现缩小的趋势。这样，区域间的经济差异随国民经济发展而发生差异不大—差异扩大—差异缩小的过程，在形状上就像倒写的 U 字，因此称之为倒 U 形理论。

3. 产业集群和产业集聚理论

1）产业集群

1990 年迈克尔·波特在《国家竞争优势》一书中首先提出用"产业集群"（industrial cluster）一词对集群现象进行分析。区域竞争力对企业竞争力有很大的影响，迈克尔·波特通过对 10 个工业化国家的考察发现，产业集群是工业化过程中的普遍现象，在所有发达的经济体中，都可以明显看到各种产业集群。

产业集群是指在特定区域中，具有竞争与合作关系，且在地理上集中，有交互关联性的企业、专业化供应商、服务供应商、金融机构、相关产业的厂商及其他相关机构等组成的群体。不同产业集群的纵深程度和复杂性相异，代表着介于市场和等级制之间的一种新的空间经济组织形式。

许多产业集群还包括由于延伸而涉及的销售渠道、顾客、辅助产品制造商、专业化基础设施供应商等，政府及其他提供专业化培训、信息、研究开发、标准制定等服务的机构，以及同业公会和其他相关的民间团体。因此，产业集群超越了一般产业范围，形成特定地理范围内多个产业相互融合、众多类型机构相互联结的共生体，从而构成这一区域特色的竞争优势。产业集群发展状况已经成为考察一个经济体或其中某个区域和地区发展水平的重要指标。

从产业结构和产品结构的角度看，产业集群实际上是某种产品的加工深度和产业链的延伸，从一定意义上讲，是产业结构的调整和优化升级。从产业组织的角度看，产业集群实际上是在一定区域内某个企业或大公司、大企业集团纵向一体化的发展。如果将产业结构和产业组织二者结合起来看，产业集群实际上是指产业成群、围成一圈集聚发展。也就是说产业集群是在一定的地区内或地区间形成的某种产业链或某些产业链。

从产业集群的微观层次分析，即从单个企业或产业组织的角度分析，企业通过纵向一体化，可以用费用较低的企业内交易替代费用较高的市场交易，达到降低交易成本的目的；纵向一体化，可以增强企业生产和销售的稳定性；纵向一体化，可以在生产成本、原材料供应、产品销售渠道和价格等方面形成一定的竞争优势，提高企业准入标准；纵向一体化，可以提高企业对市场信息的灵敏度；纵向一体化，可以使企业进入发展高新技术产业和高利润产业阶段等。

产业集群可以从不同角度进行分类，如按形成机制可分为市场主导型产业集群和政府主导型产业集群；按要素配置可分为劳动密集型产业集群、资源密集型产业集群、技术密集型产业集群；按产业类型可分为传统产业集群和高新技术产业集群；按资金来源可分为外资主导型产业集群和内资主导型产业集群；按企业类型可分为几个大企业主导型产业集群、中小企业主导型产业集群和单个龙头企业带动型产业集群；按创新程度可分为模仿型产业集群和创新型产业集群。

2）产业集聚

产业集聚一直是经济学界研究的热点话题，从 19 世纪末 20 世纪初开始，不同学派的经济学大师从不同的视角对产业集聚现象进行研究，逐渐形成并丰富了产业集聚的理论体系，下面对这些主要的理论体系成果进行梳理。

作为新古典经济学的创始人，阿尔弗雷德·马歇尔（Alfred Marshell）在1890年出版的《经济学原理》一书中，通过研究以分工为纽带、种类相似、集聚于特定地方的中小企业组成的局部工业集聚，并将其与大企业比较功能的优劣，来研究产业集聚，同时，他首次提出"外部经济"这一概念，认为劳动市场资源、中间产品投入和技术外溢对产业集聚产生正向外部性。但他的最大贡献在于发现渗透在产业集聚中的协同创新环境，即产业集聚有利于内部企业创新，但囿于时代的局限性，马歇尔未能将协同创新思路充分展开，以至于没能发现集聚产生的非物质因素。

新古典区位理论的代表人物韦伯在1909年出版的《工业区位论》一书中，通过研究微观企业的区位选择，运用等运费曲线分析法进行定量研究并探讨了产业集聚的形成因素。他认为，集聚有利于为相关企业节约运输费用，同时，他最早较为系统地阐述了产业区位理论。同马歇尔的外部经济理论一样，韦伯的区位理论单纯从资源、能源角度出发，同样忽略了一些影响产业集聚的必要因素，如社会文化因素、制度因素等，因此也存在一定的缺陷。

瑞典经济学家缪尔达尔在其1957年出版的《经济理论和不发达地区》中认为产业集聚地域范围内，由于集聚的产生而具有一定的扩散效应和极化效应，该地区相对于没有形成产业集聚的地区具有地域上的优势，两者经济发展存在很大差异，于是，他提出了"地理上的二元经济"结构理论，同时，他建议政府应当遵从马太效应，采取不平衡发展战略，重点投资、优先发展已初具经济规模的优势地区，以保障经济高效、快速发展。

之后，学术界开始深入探究产业集聚的弹性及其内部联系。其中，弹性学派认为，产业集聚的弹性表现在既鼓励竞争、激励创新性竞争，但又限制过度竞争等方面。

综上，产业集聚是指相互联系、相互支撑的相关产业，由于经济活动的需要促使生产要素在一定空间范围内形成地理上的集聚，从而产生规模经济的现象。人们普遍认为，产业集聚是产业发展的必然形式和重要路径，并进一步发展成为产业集群，产业集聚作为一种高效的空间组织形式，通过集聚产生分工优势、规模经济效应、辐射效应等，增强所在区域的科技创新与技术扩散，进而提高产业生产效率与经济效益，对外围经济产生深刻影响，从而最大限度地发挥产业关联和协作效应，成为区域经济发展的动力源泉和经济增长点之一。

河北曹妃甸就是一个典型的产业集聚类型地区。北京的一些重化工业外迁，为曹妃甸承接京津产业转移，发展临港重化工业提供了机遇。根据开发建设规划，曹妃甸将形成以大码头、大钢铁、大化工、大电能等四大主导产业为核心，以及相关工业组成布局、三次产业协调发展的强大产业集群。目前曹妃甸海洋产业中已形成的产业群包括港口群、海洋农牧化生产集群、船舶制造产业群等。

海洋产业集聚是以海洋资源为依托，以发展海洋产业、海洋经济为目标，由政府引导和市场需求指引相互联系的相关产业以及支持产业在沿海区域范围内集中、生产要素向发展海洋经济最适宜的区块集聚，以形成一种高效、合理的空间布局，最大限度地发挥集聚效应和海洋资源优势，提高海洋产业要素配置效率。促进海洋产业集聚是社会经济发展的必然结果，是所在区域政府充分利用先天优势培育地区综合竞争力的必然选择，它的形成和发展基于产业集聚理论和区域海洋资源等先天优势。

三、海洋产业竞争相关理论

1. 古典产业竞争力理论

1）绝对优势理论

1776 年英国经济学家亚当·斯密在他的经典著作《国民财富的性质和原因的研究》中提出绝对优势理论。其主要含义可以理解为：该国发展某产业所拥有的资源禀赋优势是这个国家的先天贸易条件，而后天条件则是指该国的劳动生产率，如果一个国家某产业生产的产品单位成本小于另一个国家，就会产生绝对优势。国际贸易的前提就是一个国家用自己的绝对优势产品同另一个国家的绝对优势产品交换。先天条件与国家贸易中的后天条件相结合共同决定国家之间国际贸易的前提条件和绝对优势。在自由贸易的环境下，劣势部门劳动力可以自由转移到优势部门，从而创造出更多的绝对优势产品，进而达到利益最大化。绝对优势理论将各国内部不同工作种类之间、不同职位之间的分工条件演进到各国之间的分工，最终形成国际贸易中的分工理论。亚当·斯密的绝对优势理论对于后来发展的国际贸易理论具有重大意义，然而这一理论也有局限性，它只强调了产业发展的天然条件而忽视了技术进步及创新所带来的竞争优势。

2）比较优势贸易理论

大卫·李嘉图（David Ricardo）以亚当·斯密的绝对优势理论为基础，将该理论升级演化，最终发展成为比较优势贸易理论；在 1817 年出版的《政治经济学及赋税原理》一书中，他诠释了完整的比较优势贸易理论，指出国际贸易的基础是生产技术的相对差别（而非绝对差别），以及由此产生的相对成本的差别。每个国家都应根据"两利相权取其重，两弊相权取其轻"的原则，集中生产并出口其具有比较优势的产品，进口其具有比较劣势的产品。比较优势贸易理论在更普遍的基础上解释了贸易产生的基础和贸易利得，大大发展了绝对优势理论。

比较优势贸易理论推进了 19 世纪英国的快速进步，是当时英国自由贸易政策的理论基础，同时产业竞争力在空间地域上的基本形式也是以比较优势贸易理论为基础的。但是，两种理论都认为生产要素能够自由流动，然而在现实中，国家某些产品的生产往往受到要素禀赋状况的影响和制约。因而，虽说该理论与绝对优势理论相比有所完善，但它还存在着许多不足之处。

3）要素禀赋论

要素禀赋论的基本观点是由瑞典经济学家赫克歇尔首次提出的，俄林（Ohlin）在此基础上创立了要素禀赋论，即我们现在经常提到的 H-O 理论。其基本含义是产业国际竞争力是由该国发展某产业的先天要素禀赋情况而决定的，其竞争力的源泉是先天的资源优势。1933 年俄林《区间贸易和国际贸易》一书出版，他在书中创建了 H-O 理论的框架。该理论认为一国商品在国际贸易中取得的竞争优势主要表现在价格上，而不同价格来源于不同国家生产同类商品投入的成本的差异，而成本不仅仅是劳动力要素，这里更强调的是资本要素，不同的资源禀赋决定了生产商品成本的高低。他将国际贸易中的商品按照其要素禀赋不同分为四种类型，即劳动密集型、资本密集型、技术密集型、资源密集型，国际分工的条件就是各国分别生产自身要素具有优势的产品。由于使用一国丰富的元素作为原材料进行生产，其相应产品的相对价格必然较低，所以该国在该种产品上具有竞争优势。同样，若使用的是一国供给量较少的元素生产商品，相对价格自然较高，竞争优势较弱。

2. 现代产业竞争力理论

哈佛大学教授迈克尔·波特依据产业层次来确定产业国际竞争力，开创了现代产业竞争力理论发展的先河。他在 20 世纪八九十年代先后推出了《竞争战略》《竞争优势》《国家竞争优势》三部著作，这三部著作体现了迈克尔·波特对竞争力理论不断完善修改的过程。首先波特指出产业竞争优势是形成产业竞争力的基础，他区分了比较优势和竞争优势：比较优势是针对同一个国家不同产业而言的，以某个国家为基础；而竞争优势是针对不同的国家同一个产业而言的，是某个国家该产业在多个国家中具有立足之地的基础。因此他认为分析产业竞争力问题时必须采用竞争优势理论。1990 年，迈克尔·波特在《国家竞争优势》一书中根据对 10 个国家的 100 多种产业发展历史的研究，归纳提出了著名的"钻石模型"，这一模型可以用来分析一个国家如何在某个产业上建立竞争优势。钻石模型包括六个要素：生产要素，国内市场需求，相关与支持性产业，企业战略、企业结构和同业竞争四个内生的关键要素，以及政府行为和机遇两个外生的辅助因素。钻石模型包括的六个对竞争力的影响因素彼此之间的关系如图 2-6 所示，其中两个辅助因素是通过影响四个主要因素而间接影响产业竞争力水平的。迈克尔·波特的钻石模型解释了一个国家或地区可以从哪些方面入手来提升特定产业的竞争力水平，奠定了坚实的产业竞争力理论基础。但随着全球化经济的发展，该理论逐渐显现出缺陷，即在分析产业竞争力时忽视了其他国家和外国企业的影响作用。1995 年，英国学者约翰·H. 邓宁（John H. Dunning）开始关注外部因素对产业竞争力的影响作用，在迈克尔·波特的钻石模型中引入跨国公司这一要素，形成了更为完善的具有七要素的 Porter-Dunning 模型。

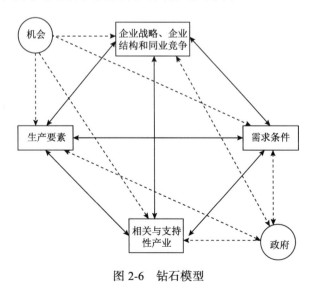

图 2-6　钻石模型

第三章

海洋产业概述

第一节　主要海洋产业

一、海洋渔业

1. 海洋渔业的概念

海洋渔业是海洋产业的重要内容之一，是指捕捞和养殖鱼类和其他水生动物及海藻类等水生植物以取得水产品的社会生产部门。广义的海洋渔业还包括：①直接渔业生产前部门。渔船、渔具、渔用仪器、渔用机械及其他渔用生产资料的生产和供应部门。②直接渔业生产后部门。水产品的贮藏、加工、运输和销售等部门。近年来，休闲渔业发展迅速，已成为海洋渔业经济中的重要组成部分。海洋渔业是依靠海洋渔业资源与环境来提供投入和产出的产业类型，具有很高的空间依赖性、资源竞争性及环境影响性，其发展受到特定海域渔业资源环境容量的显著制约。海洋渔业按作业水域可分为浅海滩涂渔业、近海渔业、外海渔业和远洋渔业等；按生产作业方式可划分为捕捞渔业、养殖渔业等；按所有制可划分为国有渔业、集体渔业、合资渔业和个体渔业等；按生产目的可分为休闲渔业、创汇渔业等。渔业生产的主要特点是以各种水域为基地，以具有再生性的水产经济动植物资源为对象，具有明显的区域性和季节性，初级产品具有鲜活、易变腐和商品性的特点。

2. 海洋渔业的发展

中国的海洋渔业距今已有六七千年之久。在距今 4000 年时，钓具、网具就已经用于海洋捕捞。海洋渔船的出现是这个时期最主要的进步，有了渔船可以进入较深的海域捕捞游动性较大的鱼类。自秦代开始，中国沿海渔民经过几千年的探索，开发了各海区沿岸和近海渔场，南海区的渔民还开发了西沙群岛和南沙群岛海域的外海渔场。在渔业生产中使用的网具、钓具等共有 15 大类，适合中国沿海各种鱼类的捕捞生产。历史上海水养殖在宋代已有，到了清代，已能进行牡蛎、蚶、鲻等鱼贝类较大面积的养殖。中国大陆海岸线约 1.84 万千米，海岸线总长度达 3.2 万多千米，有辽阔的大陆架和滩涂，有 20 多万平方千米的淡水水域，1000 多种经济价值较高的水产动植物，我国发展渔业有良好的自然条件和广阔的前景，是世界上最大的渔业生产国。海洋渔业是大农业中的基础产业和民生产业，也是一个劳动密集型的高效的传统产业，海洋渔业的发展不仅关系到人民群众的生活，而且对发展国民经济也有着重要的意义：①扩大就业。海洋渔业越发展，意味着它为人类提供的食品越多，产业链条越长，吸纳的劳动力越多；而投入的资本越多，渔民获利的机会也就越大。②满足广大群众最基本的生存需要。海洋渔业可为人民生活和国家建设提供食品和工业原料。其丰富的蛋白质含量占为世界提供总消费量的 6%，占动物性蛋白质消费量的 24%，还可以为农业提供优质肥料，为畜牧业提供精饲料，为食品、医药、化工工业提供重要原料。水产品的产品质量、数量及其安全性本身就直接影响着居民的健康状况，涉及社会稳定、发展问题。所以说，合理高效开发这些既不与粮争地，又不与畜牧争草原的广阔发展空间——蓝色经济资源，对于我国人民的社会生活有着重要意义。

3. 海洋渔业的布局

第一，海洋捕捞业。海洋捕捞渔获量主要来自各海区的渔场。中国海洋渔场的面积为 81.8 万平方海里[①]，占海域面积（103.3 万平方海里）的 79.2%。渔场面积主要分布在南海，为 53.1 万平方海里，占渔场总面积的 64.9%；其次为东海，渔场面积为 16 万平方海里，占渔场总面积的 19.6%；渤海渔场面积最小，仅 2.4 万平方海里，占渔场总面积的 2.6%。毗邻中国大陆的海域，大部分水深在 200 米以内，80% 的面积属大陆架浅海，形成了资源丰富的渔场。[②]主要作业的渔场有黄海、渤海、吕泗、大沙、舟山、鱼山、温台、闽东、闽南、南海沿岸、东沙、北部湾渔场等，其中黄海渔场、渤海渔场、舟山渔场、南海沿岸渔场被称为中国四大渔场，浅海渔场面积约为 150 万平方海里。第二，海水养殖业。海水增养殖是海洋渔业的重要组成部分，也是海洋农牧化的主要生产方式，在国民经济中占有重要地位。充分利用浅海水域、滩涂资源，大力发展海水增养殖业，可以科学地利用海洋国土资源，为人们提供丰富的动植物蛋白食品和工业原料，改善人们的食物构成，逐步提高全民族的营养和健康水平。在养殖产量方面，山东、福建、广东和辽宁等省占主要地位。

---

① 1 平方海里=3.43 平方千米。

② 参见 https://wenku.baidu.com/view/39d0d85a844769eae009ed5f.html[2018-01-15].

二、海洋油气业

1. 海洋油气业的概念

海洋油气业是指在海洋中勘探、开采、输送、加工原油和天然气的生产活动。海洋油气开发包括油气资源的勘探、开采、储运和经营。

2. 海洋油气业的发展

海洋油气业是中国 20 世纪 80 年代迅速发展起来的新兴海洋工业，也是知识与技术密集的高科技产业。进入 21 世纪，随着海洋高新技术的不断发展，海洋油气产业的勘探水平逐步提升，油气开发能力不断增强，并从浅海油气开发向深海油气开发发展，而以深海油气开发为代表的海洋油气产业已成为目前我国战略性海洋新兴产业。我国海洋石油和天然气的勘探工作始于 1959 年，1965 年以后开始海洋油气的勘探。深海油气勘探起步于 20 世纪 70 年代初。作为陆域与浅海油气资源的重要接替区，向深海进军是我国实施海洋强国战略与保障能源安全的必然选择。进入 21 世纪以来，我国加大了深海油气勘探开发力度。南海是我国深海油气勘探开发潜力最大的海域，位于南海东部的"荔湾 3-1"深海气田是我国首个深海气田。我国海域的油气资源相当丰富，它主要由近海大陆架油气资源和深海油气资源两大部分组成。目前我国海域共发现 16 个中新生代沉积盆地，总面积有 130 多万平方千米。近海大陆架上的沉积盆地共 9 个，面积近 90 万平方千米；在深海区的沉积盆地有 7 个，面积达十多万平方千米。中国大陆架海区含油气盆地面积近 70 万平方千米，海洋石油资源量约 250 亿吨，天然气资源量约 14 万亿立方米。但我国海洋油气业发展的历史较短，1967 年首次在渤海钻成海井，标志着中国海洋石油工业的开始。到目前为止，渤海和南海的油气勘探比较充分。南海勘探的海域面积仅有 16 万平方千米，但探明石油储量 55.2 亿吨，天然气储量 12 万亿立方米。南海油气资源可开发价值超过 20 万亿元。南海天然气水合物储量约为我国陆地石油总量的一半。[①]海洋油气勘探自主创新能力逐步增强，中国石油天然气集团新发现亿吨冀东南堡油田，在渤海湾和北部湾等海域新发现个油气田，海洋油气发展潜力进一步提高。

---

① 参见 https://wenku.baidu.com/view/14207c3e312b3169a551a45d.html[2018-01-15].

3. 海洋油气业的布局

（1）海上油田布局。海洋石油生产区目前分布在渤海、北部湾和珠江口。渤海的石油生产主要是渤中 28-1、渤中 34-2/4、428 西、埕北、辽东湾绥中 36-1、锦州 20-2 凝析油气田以及渤海湾滩海地区的埕岛油田等；南海珠江口石油生产在惠州 21-1、惠州 26-1、陆丰 13-1、西江 24-3、西江 30-2、流花 11-1、陆丰 22-1、陆丰 13-2、文昌 9-2 等海域；北部湾石油产区主要在涠洲岛附近海区，主要油田为涠 10-3、涠 11-4；东海油气生产区主要在东海大陆架盆地的平湖油气田。

（2）海洋天然气生产区分布。海洋天然气生产区主要分布在南海莺歌海的崖 13-1 气田和渤海辽东湾的锦州 20-2 凝析油气田、东海平湖油气田。

三、海洋矿业

1. 海洋矿业的概念

海洋矿业是对海岸带、海岛及海底矿产的采选活动，根据 2006 年《海洋及相关产业分类》国家标准，海洋矿业包括海滨砂矿采选、海滨土砂石开采、海底地热煤矿开采以及深海开采 4 个大类，其下又包括 16 个亚类。从海洋矿业的开发对象来看，在广义上，海洋矿产资源应包括海底矿产资源和海水矿产资源两大部分，但一般理解的海洋矿产资源仅指海底矿产资源，而把海水矿产资源归为海洋化学资源。海底矿产资源按其产出区域又被划分为滨海砂矿资源、海底矿产资源和大洋矿产资源。

2. 海洋矿业的发展

中国的海洋矿业是从 20 世纪 60 年代兴起的，在整个海洋经济体系中所占的比重非常小，历年海洋矿业产值在海洋产业总值中的比重均未超过 1%。从发展现状来看，国内的海滨矿产开采绝大部分是海滨砂矿。中国滨海砂矿分布不均匀，大中型砂矿床主要分布在辽宁、山东、福建、广东、广西、海南和台湾，而河北、江苏、浙江三省仅有少量矿点。目前已探明砂矿产地 3 处，各类矿床 193 处，其中大型 37 处、中型 51 处、小型 105 处，重要矿点 160 余处。已查明石英砂矿储量为 15 亿吨以上，锆石、钛铁矿、独居石、磷钇矿、金红石、磁铁矿和锡石储量总和 2720 万吨以上（孙岩和韩昌甫，1999）。

3. 海洋矿业的布局

中国滨海砂矿主要开发地点分布于浙江、福建、广东、广西、山东、海南等地区。各地区的滨海砂矿产量存在年际、地区之间的不同，而地区间的差异就更大。浙江是我国砂矿产量最高的省份，但年际产量变化也较大。其他如福建、山东、广西和海南等产量历年处于稳定增长状态，但个别地区年升降幅度较大。

四、海洋盐业

1. 海洋盐业的概念

海洋盐业是指海水晒盐和海滨地下卤水晒盐等生产和以原盐为原料，经过化卤、蒸发、洗涤、粉碎、干燥、筛分等工序，或在其中添加碘酸钾及调味品等加工制成盐产品的生产活动，包括采盐和盐加工。海盐是目前从海水中提取较大的物质。海水制盐是传统的海洋开发产业之一。盐是人们生活的必需品，又是重要的工业原料，在国民经济中占有极其重要的地位。

2. 海洋盐业的发展

（1）历史上海盐的生产。中国盐业具有悠久的历史，早在 5000 年前的仰韶文化时期已经用海水煮盐。约 4000 年前，皇帝时代就有诸侯风沙氏煮海为盐。夏禹时代已开拓盐田，教民制盐。公元前 645 年春秋初期，管仲在总结前人经验"盐铁富国之道"时，就指出"官山海"。"兴渔盐之利"是对中国历史上海洋开发的写照。制盐技术在历史上曾居世界领先地位。中华人民共和国成立以来，盐业取得了快速的发展，已成为世界第二产盐大国，其中海盐产量居世界首位。

（2）现代海盐生产的发展。中华人民共和国成立后，在党和政府制定的"发展经济，保障供给"和"以经济建设为中心"的方针指引下，我国盐业生产获得了较大的发展，步入了一个崭新的历史发展时期。经过中华人民共和国成立初期的恢复和发展、"一五"时期有计划的建设、盐业生产的"大跃进"和调整、"文化大革命"时期的曲折前进和改革开放时期的全面发展，我国盐业现已形成融制盐、盐加工、盐化工、水产养殖和多种经营为一体的综合性工业生产体系，在建设有中国特色的社会主义现代化中发挥着重要作用。

3. 海洋盐业的布局

根据中国盐场分布的地理位置和气候条件，可将中国划分为两大海盐产区：以江苏沿海为界限，北方海盐产区包括天津、河北、辽宁、山东和江苏等地区；南方海盐产区包括浙江、福建、广东、广西、海南和台湾等地区。中国北方海盐区是中国海盐生产的主要海盐区，其企业数约占全国海盐企业的 50%，原盐产量占全国海盐产量的 90% 以上。辽宁盐区、长芦盐区、山东盐区、江苏盐区和南方海盐区为中国五大主要盐区，海盐生产的中大型企业共有16 个，主要盐场是塘沽、汉沽、大清河、黄骅、南堡新生、营口、复州湾、金州、羊口、卫东、埕口、莱央子、莺歌海、皮子窝、青岛盐务局和江苏盐业公司等。除海南省莺歌海盐场外，其余都在北方海盐场产区，其中年产海盐超过百万吨的大型企业有 4 个（江苏盐业公司、河北南堡新生盐场、天津塘沽盐场、山东羊口盐场），北方的 115 个企业至今产量仍占全国海盐总量的 60%，成为中国海盐生产的骨干企业。

五、海洋船舶工业

1. 海洋船舶工业的概念

海洋船舶工业，是指以金属或非金属为主要材料，制造海洋船舶、海上固定及浮动装置的活动，以及对海洋船舶的修理及拆卸活动。船舶是一个载体，只要有水的地方（江、海、河、湖）都需要依靠船舶运送人与货物。特别是在当今开发海洋的时代，船舶是庞大的海上建筑物，是大型综合性水上运输工具，也是发展海洋物流业的重要基础条件。船舶工业是传统的海洋产业，人类历史上很早就有"兴渔盐之利，行舟楫之便"之说。船舶工业是技术、资金、劳动力密集行业，它的发展可以带动钢铁、电子、油漆、建材、轻工业等五十多个相关产业和部门的发展。

2. 海洋船舶工业的发展

中国是一个古老的造船国家，也是当代世界造船大国之一，中国古代造船技术，在世界上曾长期处于领先地位。中国近代船舶工业的发展，可以追溯到140 年前上海的江南制造局。江南制造局始建于清同治四年（1865 年）。江南造船厂是中国近代船舶工业的开端，也是中国近代船舶工业企业中规模最大、最有代表性的企业。在中国船舶工业发展的历程中占有重要地位，奠定了中国船舶工业的发展基础。中华人民共和国成立后，尤其是进入 21 世纪后，中国船舶工业加速发展。2006 年国务院颁布《船舶工业中长期发展规划（2006—2015 年）》，明确要把中国建设成为世界上主要的造船大国和强国。

3. 海洋船舶工业的布局

（1）中国船舶工业基本形成了三大船舶集中区域、八大省市聚集区和若干船舶配套企业基地的整体格局。中国船舶工业从分布区域来看，集中分布在环渤海地区、长江三角洲地区和珠江口三大船舶工业集中区域。从省域分布上来看，中国船舶工业主要集中于东部沿海和沿江地区，形成八大省（直辖市）集聚区，即江苏、上海、辽宁、浙江、广东、山东、福建和湖北。另外，上海、大连、南通、广州等船舶工业核心城市还分布有若干船舶配套企业基地。沿海地区造船完工量占全国的 90%，其他内陆地区仅占不到 10%的产量，沿海地区是造船工业的集聚地区。沿海地区造船完工量，则以上海、江苏、浙江、辽宁等地区为主。

（2）中国造船基地建设。中国船舶工业正在形成环渤海地区、长江三角洲地区、珠江三角洲地区现代化造船基地，主要包括青岛海西湾修造船基地、上海长兴岛造船基地、广东南沙龙穴造船基地。

六、海洋化工业

1. 海洋化工业的概念

海洋化工业是指以海盐、溴素、钾、镁及海洋藻类等直接从海水中提取的物质作为原料进行的一次加工产品的生产，包括烧碱（氢氧化钠）、纯碱（碳酸氢钠）以及其他碱类的生产；还包括以制盐副产物为原料进行的氯化钾和硫酸钾的生产；或溴素加工产品以及碘等其他元素的加工产品的生产。海洋化工是近年来发展起来的新兴海洋产业，其特点是充分利用海洋资源，广泛采用高新技术，其产品广泛应用于冶金、轻工、医药、食品、建材、石油、感光、消防、军工和国防等行业，这些是急需国家产业政策扶持开发的重要产业。目前中国海洋化工产品主要有纯碱、烧碱系列和藻类。中国海洋化工业快速发展，已逐渐形成独立的较为完善的工业体系和技术体系，从产品构成上来说，主要包括：镁系产品、钾系产品、溴系产品、氯碱系产品和藻类化工产品。

2. 海洋化工业的发展

20 世纪 60 年代初期，由于从海洋中提取低浓度物质和微量元素的新技术新方法不断涌现，现代海水化学产品开发逐渐发展起来。近年来，海洋化工业包括的范畴逐渐扩大，已由原来单一的海盐化工向海藻化工、海洋石油化工拓展。

3. 海洋化工业的布局

海洋化工业集聚的区域主要分布在天津、河北、山东，其次在江苏、辽宁、浙江。海洋化工业的发展与相应陆域研究单元的化工技术与化工产业的发展情况有密切的关联。中国主要大型海洋化工企业集中在渤海湾周围，基本靠近大型盐场。20 世纪 90 年代初期建成潍坊、唐山、连云港三大碱厂，成为中国纯碱工业发展的一个重要标志。山东潍坊作为全国重要的化工产业基地之一，其纯碱、溴素等很多海洋化学品的生产能力都居世界首位。

七、海洋生物医药业

1. 海洋生物医药业的概念

海洋生物医药业是指从海洋生物中提取有效成分利用生物技术生产生物化学药品、保健品和基因工程药物的生产活动。包括：基因、细胞、酶、发酵工程药物、基因工程疫苗、新疫苗、菌苗；药用氨基酸、抗生素、维生素、微生态制剂药物；血液制品及代用品；诊断试剂，如血型试剂、X 射线检查造影剂、用于病人的诊断试剂；用动物肝脏制成的生物化学药品等。海洋药物开发是正在兴起的海洋生物产业中的关键产业之一，海洋药物将是 21 世纪药物开发的重点产业。一些用陆地药源难以医治的疾病，如心脑血管疾病、糖尿病、艾滋病、癌症等疑难病症，渴望从海洋生物中获取医治的药物。因此，海洋药物的研究和开发将具有非常重大的意义，不仅能为人类健康提供进一步的保障，还对发展医药工业、促进经济繁荣具有重大的现实意义。

2. 海洋生物医药业的发展

我国现代海洋生物医药业发展起步较晚，是从 1978 年以后才发展起来的。

1966 年, 海洋生物技术研究被列入国家 863 计划, 一批海洋生物技术的重大项目相继启动, 带动了中国海洋生物医药产业快速发展。我国海洋生物医药业已具备一定规模, 目前已有多烯康、藻酸双酯钠等多种海洋药物获得国家批准上市或进入临床研究阶段, 与此同时, 以海洋生物为主要原料的多种保健品、化妆品等已经上市。随着海洋生物医药业不断加快新药研制, 海洋生物制药技术日益提高, 并加速成果转化, 海洋生物医药产业化进程逐渐加快。从发展趋势来看, 海洋功能生物材料的开发利用正快速成长为新的支柱性产业。如从海藻、海绵、海鞘中可分离提取抗菌、抗肿瘤、抗癌物质, 用于开发海洋药物和生物制剂; 运用现代生物工程技术, 培养具有特殊用途的超级工业细菌, 可用来清除石油等各类污染物; 深海生物基因资源的研究与开发, 在医药、环保、军事等领域有广阔的应用前景。另外, 随着海洋生物技术的发展, 中国海洋药物已由技术积累进入产品开发阶段。海洋生物医药业是海洋新兴产业, 目前还十分弱小, 但具有广阔发展前景, 随着海洋生物制药技术的日益提高, 中国海洋生物制药业在不断发展的过程中, 海洋生物医药逐渐向产业化发展。

3. 海洋生物医药业的布局

近年来, 我国海洋生物医药研究逐步走向规范化, 形成了上海、青岛、厦门、广州为中心的四个海洋生物技术和海洋药物研究中心。在沿海地区, 从事海洋天然药物研究的机构多达数十家, 一批海洋药物研究开发基地分别在中国海洋大学、国家海洋局第一海洋研究所、中国科学院海洋研究所等单位成立。随着国家生物产业基地落户青岛, 青岛市崂山区经过几年的培育和发展, 已拥有海洋生物相关企业 100 余家, 海洋生物产业年产值每年在以平均 30%的速度增长, 已逐渐形成以黄海制药为龙头, 华仁药业和爱德检测等为中坚力量的梯次发展的企业队伍, 迅速形成了包括 20 余个大项目的海洋生物医药产业带。

八、海洋工程建筑业

1. 海洋工程建筑业的概念

海洋工程建筑业是指在海上、海底和海岸所进行的用于海洋生产、交通、娱乐、防护等用途的建筑工程施工及其准备活动，包括海港建筑、滨海电站建筑、海岸堤坝建筑、海洋隧道、桥梁建筑、海上油气田陆地终端及处理设施建造、海底线路管道和设备安装，不包括各部门、各地区的房屋建筑及房屋装修工程。海洋可再生能源产业发展潜力巨大，据国际能源机构统计，仅潮汐能和波浪能的能量就是现阶段全世界发电量的 4 倍。

2. 海洋工程建筑业的发展

海洋工程建筑业是海洋经济发展的基础产业，伴随着海洋经济的快速发展，海洋工程建筑业也保持平稳增长，特别是改革开放后，我国沿海省（市）兴建了多处大型海洋工程，如跨海大桥、海底隧道、海港等。

3. 海洋工程建筑业的布局

（1）围海造地工程。目前，中国大型填海工程众多，如唐山曹妃甸工业园填海地面积为 240 平方千米，黄骅港工程规划填海 121.62 平方千米，天津滨海新区填海造地 200 平方千米，上海南汇临港新城用海规划填海 133 平方千米。

（2）人工岛工程。中国建成的人工岛有张巨河人工岛。

（3）海上城市工程。

（4）海底隧道和跨海大桥工程。目前，中国香港已修建了一条海底隧道，把香港岛与九龙连接起来，全长为 1400 米，隧道内铺设双轨铁路；中国山东胶州湾的海底隧道建设，把青岛与黄岛连接起来。

（5）海上机场工程。中国已建成香港新机场。

（6）海底仓库工程。中国的海底油库也随着海底石油和天然气的开发而发展起来。在渤海油田已建造了六个海上储油罐，罐中存储埋北油田开采的原油。北部湾的油库开采的石油从海底输油管道经过单点系泊浮筒上的旋转密封接头进入储油船中，海底油库不仅起着储存作用，同时还进行油气分离、脱水等工作。

九、海洋电力业

1. 海洋电力业的概念

海洋电力业是指在沿海地区利用海洋能进行的电力生产活动，包括利用海洋中的潮汐能、波浪能、热能、海流能、盐差能、风能等天然能源进行的电力生产活动，有时也包括沿海利用海水冷却的核力、火力发电。官方统计上不包括沿海地区的核力、火力企业的电力生产活动。作为重要的可再生能源，海洋电力业是我国大力鼓励和支持发展的新能源产业。

2. 海洋电力业的发展

中国海洋能开发始于 20 世纪 60 年代，我国陆续在广东顺德、东湾、山东乳山等地建立起几十座潮汐能发电站，目前尚在使用的有 8 座。自 20 世纪 70 年代开始，陆续建设了一批潮汐能、波浪能及潮流能试验电站。近年来，以沿海风电开发为主体的海洋电力生产发展速度加快。山东、江苏、广东、福建等沿海省份对海洋能利用的投入力度不断加大，海洋风力发电已经进入大规模的应用阶段，潮流能发电技术已经成熟，潮流能开发利用技术进入大容量装机应用试验阶段，具备了商业化开发的条件，而波浪能技术已开始进入大规模商业化开发利用阶段。与传统电力产业相比，海洋电力产业开发利用的时间比较短，开发规模和水平均具有较大的提升空间。目前除滨海风电、海洋风电、潮汐发电外，其他海洋电力技术尚处于试验、中试阶段，尚未实现规模化商业开发。随着海洋可再生能源技术的快速发展，以海洋电力业为代表的相关海洋新兴产业已逐步发展壮大，加强对波浪能、潮流能、温差能、海上风力等海洋可再生能源开发利用关键技术的研究与示范，为产业化发展奠定了基础。但沿海地区能源需求巨大与常规能源储量相对不足的矛盾，为以海洋电力业为代表的可再生能源发展提供了发展契机，近年来表现出了强劲的发展势头。

3. 海洋电力业的布局

中国海洋能资源十分丰富，近海海洋能理论蕴藏量为 6.3 亿千瓦，可开发利用量达 10 亿千瓦的量级。其中中国沿岸的潮汐能资源总装机容量为 2179 万千瓦；沿岸波浪能理论平均功率为 1285 万千瓦；潮流能 130 个水道的理论平均功率为 1394 万千瓦；近海及毗邻海域温差能资源可供开发的总装机容量为 17.47 亿～218.65 亿千瓦；沿海盐差能资源理论功率约为 1.14 亿千瓦；近海风能资源达到 7.5 亿千瓦。潮汐能大部分分布在浙江、江苏、福建三省，约为全国总量的 72%；沿岸波浪能主要分布在广东、福建、浙江、海南和台湾等的附近海域；潮流能主要分布在浙江、山东等省份；辽宁、河北、山东、浙江、福建、广东等省份则拥有建设大型海上风电场的条件（王传崑和施伟勇，2008）。

十、海水利用业

1. 海水利用业的概念

海水利用业，是指通过各种技术手段获取海水中的水资源和化学资源的工艺及生产过程的统称。目前，海水利用主要有海水直接利用、海水淡化和海水化学资源利用。海水直接利用，是指以海水直接替代淡水的工艺过程，主要用于工业冷却、城市大生活用水、电厂烟气脱硫等；海水淡化即利用海水脱盐生产淡水，是实现水资源利用的开源增量技术，以保障沿海居民饮用水和工业锅炉补水等稳定供水，目前应用反渗透膜法及蒸馏法是市场中的主流；海水化学资源利用是从海水中获取化学元素、化学品及其深加工后获得的产品，包括海水制盐，海水提钾、提溴、提镁等。

2. 海水利用业的发展

海水是巨大的水资源和化学矿物资源宝库。全球海水量占全球总水量的96.5%，海水溶存80余种化学元素，矿物资源总量为4.8亿吨（冯清申，1984）。依靠海水利用技术发展形成的海水利用业是我国目前重点发展的海洋新兴产业之一，在全球水资源短缺日趋严重的21世纪，海水资源利用显得尤为重要。我国海水资源开发利用技术研究起步于20世纪60年代。几十年来海水淡化技术、海水直接利用技术和海洋化学资源提取技术都得到了不同程度的提高，海水淡化装备得到了改进。国家在各种海洋科技规划与方针中都明确提出要大力发展海水淡化业，并积极依托各类海洋类高校和科研院所培养了大批掌握海水淡化技术的人才。在技术、资金、人才的条件不断完善的前提下，海水淡化也积极进行了工程示范，取得了良好的经济和社会效益，加快了其产业化进程。2009年，我国海水利用规模进一步扩大，自主创新能力不断提升，大生活用水技术、海水利用关键装备制造等领域取得重大突破。作为缓解淡水资源短缺、促进经济可持续发展的重要途径，海水利用业具有巨大的发展潜力，近年来发展迅速。同时海水淡化设备、海水淡化工程建造等相关产业也取得了快速发展，并在此基础上逐步构建我国自主创新海水利用技术、装备、标准和产业化体系，全面提升了我国海水利用产业的竞争力。鉴于我国人均淡水占有量是世界人均占有量的 1/4，多数沿海地区处于极度缺水状态的情况，海水淡化和海水直接利用有着广阔的发展前景，未来发展的重点是海水综合利用和相关技术研发及装备制造。

3. 海水利用业的布局

（1）海水淡化装置布局。通过自主设计、研制，先后制造建成 1000 吨反渗透海水淡化示范工程（山东长岛、浙江泜泗和大连长海）及 3000 吨/日反渗透海水淡化工程（山东黄岛），并良好运行。海水利用业目前以海水直接利用为主，浙江、山东及天津等地有一定规模的海水淡化产业。近年来，中国在核能海水淡化以及在引进、消化和再创新海水淡化先进技术和装备制造等方面做了大量工作，建成了西沙永兴岛、西沙琛航岛、三亚东瑁洲岛、灵山岛等一批海岛海水（苦咸水）淡化工程以及中国海监船用海水淡化装置，形成岛（船）用海水淡化系列产品。

（2）海水直接利用布局。在海水直接利用方面，随着沿海经济的发展和沿海电力建设的加快以及水资源短缺的加剧，近年来全国沿海海水直流冷却工程规模不断增长，到 2012 年底，11 个沿海省（自治区、直辖市）均有海水直流冷却工程分布。其中，2012 年海水利用量超过百亿吨的省份为广东省和浙江省，分别为年产 275.5 亿吨和年产 199.1 亿吨。[①]

十一、海洋交通运输业

1. 海洋交通运输业的概念

海洋交通运输业是指以船舶为主要工具从事海洋运输以及为海洋运输提供服务的活动，包括远洋旅客运输、沿海旅客运输、远洋货物运输、沿海货物运输、水上运输辅助活动、管道运输业、装卸搬运及其他运输服务活动。海洋交通运输是国家整个交通运输大动脉的重要组成部分，它具有连续性强、费用低的优点。其特点包括三个方面①天然航道。海洋运输借助天然航道运行，不受道路、轨道的限制，通过能力更强。随着政治、经贸环境及自然条件的变化，

---

① 数据来源于《2012 年全国海水利用报告》。

可随时调整和改变航线完成运输任务。②载运量大。随着国际航运业的发展，现代化的造船技术日益精湛，船舶日趋大型化。超巨型油轮已达 60 多万吨，第五代集装箱船的载箱能力已超过 5000 标准箱。③运费低廉。海上运输航道为天然形成，港口设施一般为政府所建，经营海运业务的公司可以大量节省用于基础设施的投资。船舶运载量大、使用时间长、运输里程远，单位运输成本较低，为低值大宗货物的运输提供了有利条件。

2. 海洋交通运输业的发展

海洋运输是对外贸易运输的最主要方式。衡量国家兴衰的一个重要标志，就是海洋运输业。凡是重视和发展海运的，国家必然兴盛，经济必然发展；反之，则衰弱或迟滞。中华人民共和国成立后，为适应国家经济不同发展阶段的需要，国家制定了各项发展海运业的政策，从而使得中国海运业得到了较大的发展，各类运输船舶、货物运量、旅客运量均有增加，特别是集装箱的发展和国际航运中心的建立。自 20 世纪 80 年代初期以来，中国海洋运输业呈现出不断扩张的态势，运输量及其在世界市场中的比重都表现出不同程度的增长。

3. 海洋交通运输业的布局

（1）班轮公司。1984 年全球集装箱班轮公司发展进入一个新的发展阶段，集装箱环球航行时代开始来临，大型集装箱班轮公司也开始经营环球集装箱航线。在这个时期，中国的运输集装箱化也加快发展，中国组建的班轮公司对全球集装箱运输市场有举足轻重的影响，2006 年 7 月 20 个具有一定实力的班轮公司中，中国占全球运力的 19.2%，占 20 个班轮公司运力的 23.2%（唐俊，2013）。

（2）全国共有十多个港口中的专门码头用于中国铁矿石运输，如为上海宝钢进口铁矿石的宁波港北仑码头，为首钢搬迁到河北曹妃甸进口铁矿石的曹妃甸港口码头等，这些码头的铁矿石运输量在逐年增长。

十二、滨海旅游业

1. 滨海旅游业的概念

滨海旅游业，是指以海岸带、海岛及海洋各种自然景观、人文景观为依托的旅游经营、服务活动，主要包括海洋观光游览、休闲娱乐、度假住宿、体育运动等活动。是旅游者以享受滨海旅游资源为目的而进行的旅游活动。滨海旅游资源是指在滨海地带对旅游者具有吸引力，能激发旅游者的旅游动机，具备一定旅游功能和旅游开发利用价值，并能产生经济效益、社会效益和环境效益的事物和因素，是开展滨海旅游的基础。

2. 滨海旅游业的发展

中国滨海旅游业作为新兴海洋产业发展，是在十一届三中全会以后。全国性旅游业的发展，得益于中国通过编制各项五年计划，确定旅游业的发展计划和远景目标的建议，把旅游业确定为第三产业中"积极发展"的新兴产业序列中排第一位的产业。从此，中国旅游业包括滨海旅游业成为国民经济的新增长点。滨海旅游业对经济的贡献，除了增加税收和带动就业外，还体现在对其他产业的带动上。滨海旅游业带动的不仅是消费，还有需求。

如游艇产业的兴起，带动了上游的游艇制造产业，以及配套基础设施即邮轮母港的建设，促进了建筑业发展；旅游房地产刺激了沿海房地产行业的投资热情，供需两旺和高房价带来了滨海房地产的兴旺发达和高回报。此外，滨海旅游业还为下游的旅游和相关产品的批发零售、餐饮业等带来了可观的利润。值得深思的是，尽管发展旅游业有诸多好处，但旅游业发展需要旅游资源、旅游设施、旅游服务三大要素，整个滨海旅游产业要实现健康发展，需注重旅游资源的适度开发和个性化利用；发展要与当地的环境承载力和旅游设施的接待能力相匹配；还要提高旅游服务的水平，尤其是作为旅游服务灵魂的导游服务。

3. 滨海旅游业的布局

中国形成了以大连、秦皇岛和青岛为中心的环渤海湾滨海旅游区，以上海、连云港和宁波为中心的长三角滨海旅游区，以福州、厦门和泉州为中心的海峡西岸滨海旅游区，以珠江三角洲为主的香港滨海旅游区，以深圳和北海为中心的两广（广东、广西）滨海旅游区，以海口和三亚为中心的海南滨海旅游区等。这五大滨海旅游区的滨海旅游目的地基础设施和配套设施较为完善，滨海度假产品初步形成，拥有一定的国际知名度和国际客源。

第二节　海洋科研教育管理服务业

一、海洋科研教育管理服务业的概念

海洋科研教育管理服务业，是开发、利用和保护海洋过程中所进行的科研、教育、管理及服务等活动，包括海洋信息服务业、海洋环境监测预报服务、海洋保险与社会保障业、海洋科学研究、海洋技术服务业、海洋地质勘查业、海洋环境保护业、海洋教育、海洋管理、海洋社会团体与国际组织等。

二、海洋科研教育管理服务业的发展

20世纪50年代以来，电子计算机与通信技术的结合发展——信息的科学技术革命，使得信息成为影响人类社会发展的一种决定性力量，信息资源的开发利用日益走向社会化、产业化。向海洋进军，向海洋索取资源已成为世界各沿海国家的共同行动，面对复杂多变的海洋环境，获取信息的质量直接影响到各类资源开发型海洋产业的经济效益。近年来，海洋信息服务、海洋环境监测预报服务等产业发展迅速，为海洋经济、海洋管理、公益服务和海洋安全提供了海洋信息的业务保障和技术支撑。

三、海洋科研教育管理服务业的布局

环渤海地区和长江三角洲地区海洋科研机构合计占全国的70%、从业人员占83%、R&D经费内部支出占86%；海峡西岸地区、珠江三角洲地区和环北部湾地区海洋科研机构合计仅占全国的27%、人员占13%、R&D经费内部支出占10%（胡振宇，2014）。我国海洋科研机构的城市布局主要表现为老牌海洋城市的聚集度高，政治中心城市的聚集度高，新兴城市海洋科研机构严重不足。

第四章

海洋产业经济学相关研究方法

第一节 海洋产业结构变迁研究方法

一、K 均值聚类算法

K 均值聚类算法（K-Means）是硬聚类算法，是典型的基于原型的目标函数聚类方法的代表，它是数据点到原型的某种距离作为优化的目标函数，利用函数求极值的方法得到迭代运算的调整规则。K 均值聚类算法以欧式距离作为相似度测度，它是求对应某一初始聚类中心向量 V 最优分类，使得评价指标 J 最小。算法采用误差平方和准则函数作为聚类准则函数。先随机选取 K 个对象作为初始聚类中心，然后计算每个对象与各个种子聚类中心之间的距离，把每个对象分配给距离它最近的聚类中心。聚类中心及分配给它们的对象就代表一个聚类。一旦全部对象都被分配了，每个聚类的聚类中心会根据聚类中现有的对象被重新计算。这个过程将不断重复直到满足某个终止条件。终止条件可以是没有（或最小数目）对象被重新分配给不同的聚类，没有（或最小数目）聚类中心再发生变化，误差平方和局部最小。

K 个初始类聚类中心点的选取对聚类结果具有较大的影响，因为该算法第一步是随机选取任意 K 个对象作为初始聚类的中心，初始地代表一个簇。该算法在每次迭代中对数据集中剩余的每个对象，根据其与各个簇中心的距离将每个对象重新赋给最近的簇。当考察完所有数据对象后，一次迭代运算完成，新的聚类中心被计算出来。如果在一次迭代前后，J 的值没有发生变化，说明算法已经收敛。

本书运用 SPSS23.0 软件中的 K 均值聚类算法，对中国的海洋生产总值数据进行统计分析。

二、偏离-份额分析法

偏离-份额分析法（Shift-Share Analysis）最初由美国经济学家 Daniel 和 Creamer 相继提出，后经 Dunn、Lampard、Muth 等学者总结并逐步完善，20

世纪 80 年代初由 Dunn 集各家之所长，总结成现在普遍采用的形式。

偏离-份额分析法是把区域经济的变化看作一个动态的过程，以其所在的区域或整个国家的经济发展为参照系，将区域自身经济总量在某一时期的变动分解为三个分量，即份额偏离分量（the national growth effect）、结构偏离分量（the industrial mix effect）和竞争力偏离分量（the competitive effect），以此说明区域经济发展和衰退的原因，评价区域经济结构优劣和自身竞争力的强弱，找出区域具有相对竞争优势的产业部门，进而确定区域未来经济发展和产业结构调整的合理方向。

偏离-份额分析法于 20 世纪 80 年代初引入中国，周起业和刘再兴（1989）、崔功豪等（1999）对该方法都有很详细的介绍。此后，偏离-份额分析法在我国区域经济学和城市经济学领域得到了广泛的应用，但仅仅是将传统的静态模型应用于一个特定区域、特定的产业部门中。虽然史春云等（2007）将国外偏离-份额分析法的最新研究进展以研究述评的形式介绍到了国内，但是对这些模型的应用检验在国内文献中尚不多见，这些模型多用来分析产业的空间布局、地区就业结构变化、经济增长差异等现象，较少用于对海洋经济份额变化的研究。本书将采用偏离-份额分析法研究中国海洋经济空间格局演化与产业的变迁。

关于偏离-份额分析法的数学模型，假设区域 i 在经历了时间[0，t]之后，经济总量和结构均已发生变化。设初始期（基年）区域 i 的经济总规模为 $b_{i,0}$，末期（截至年 t）为 $b_{i,t}$。同时，依照一定的规则，把区域经济划分为 n 个产业部门，分别为 $b_{ij,0}$、$b_{ij,t}$（$t=1, 2, \cdots, n$）表示区域 i 第 j 个产业部门在初始期和末期的规模。并以 B_0、B_t 表示区域所在大区或全国在相应时期初期和末期的规模，以 $B_{j,0}$ 与 $B_{j,t}$ 表示在大区或全国初期与末期第 j 个产业部门的规模。

区域 i 第 j 个产业部门在[0，t]时段内的变化率为

$$r_{ij} = \frac{b_{ij,t} - b_{ij,0}}{b_{ij,0}} \quad (j=1, 2, \cdots, n) \tag{4-1}$$

所在大区或全国 j 产业部门在[0，t]时段内的变化率为

$$R_j = \frac{B_{j,t} - B_{j,0}}{B_{j,0}} \quad (j=1, 2, \cdots, n) \tag{4-2}$$

以所在大区或全国各产业部门所占的份额，按下式将区域各产业部门规模标准化得到：

$$b'_{ij} = \frac{b_{ij,0} \cdot B_{j,0}}{B_0} \quad (j=1, 2, \cdots, n) \tag{4-3}$$

这样，在$[0, t]$时段内区域 i 第 j 产业部门的增长量 G_{ij} 可以分解为份额分量 N_{ij}、结构偏离分量 P_{ij} 和竞争力偏离分量 D_{ij} 三个分量，依次表达为

$$G_{ij} = N_{ij} + P_{ij} + D_{ij} \tag{4-4}$$

$$N_{ij} = b'_{ij} \cdot R_j \tag{4-5}$$

$$P_{ij} = \left(b_{ij,0} - b'_{ij}\right) \cdot R_j \tag{4-6}$$

$$D_{ij} = b_{ij,0} \cdot \left(r_{ij} - R_j\right) \tag{4-7}$$

$$G_{ij} = b_{ij,t} - b_{ij,0} \tag{4-8}$$

$$\mathrm{PD}_{ij} = P_{ij} + D_{ij} \tag{4-9}$$

式中，N_{ij} 称为份额偏离分量（或全国平均增长效应），它是指第 j 个产业部门全国总量或所在区域按比例尺分配，区域 i 的第 j 个产业部门规模所发生的变化，即区域标准化的产业部门如按所在大区或全国的平均增长率发展所产生的变化量。P_{ij} 称为结构偏离分量（或产业结构效应），它是指区域部门比重与全国或所在区域相应部门比重的差异引起的区域 i 第 j 个产业部门增长相对于区域或全国标准所产生的偏差。其值越大，说明部门结构对经济总量增长的贡献越大。D_{ij} 称为区域竞争力偏离分量（或区域份额效应），是指区域 i 第 j 个产业部门增长速度与区域或全国相应部门增长速度的差别引起的偏差，反映区域 i 第 j 个产业部门相对竞争能力。此值越大，说明区域 i 第 j 个产业部门竞争力对经济增长的作用越大。PD_{ij} 称为区域部门优势（P_{ij} 与 D_{ij} 之和），反映区域 i 第 j 个产业部门总的增长优势。

第二节　海洋产业结构优化研究方法

一、层次分析法

层次分析法（Analytic Hierarchy Process，AHP），于 20 世纪 70 年代中期

由美国运筹学家塞蒂（T.L.Satty）正式提出。它是一种定性和定量相结合的、系统化、层次化的分析方法。由于它在处理复杂的决策问题上具有实用性和有效性，很快在世界范围得到重视。它的应用已遍及经济计划和管理、能源政策和分配、行为科学、军事指挥、运输、农业、教育、人才、医疗和环境等领域。

所谓层次分析法，是指将一个复杂的多目标决策问题作为一个系统，将目标分解为多个目标或准则，进而分解为多指标（或准则、约束）的若干层次，通过定性指标模糊量化方法算出层次单排序（权数）和总排序，以作为目标（多指标）、多方案优化决策的系统方法。层次分析法是将决策问题按总目标、各层子目标、评价准则直至具体的备投方案的顺序分解为不同的层次结构，然后用求解判断矩阵特征向量的办法，求得每一层次的各元素对上一层次某元素的优先权重，最后再用加权和的方法递阶归并各备择方案对总目标的最终权重，此最终权重最大者即为最优方案。这里所谓优先权重是一种相对的量度，它表明各备择方案对某一特点的评价准则或子目标，标下优越程度的相对量度，以及各子目标对上一层目标而言重要程度的相对量度。层次分析法比较适合具有分层交错评价指标的目标系统，而且目标值又难于定量描述的决策问题。其用法是构造判断矩阵，求出其最大特征值及其所对应的特征向量 W，归一化后，即为某一层次指标对于上一层次某相关指标的相对重要性权值。这一分析法有效地将人们的主观判断进行重新加工整理，较好地将定量分析与定性分析相结合，使得评价结果具有较高的实用性、系统性及有效性。因此，层次分析法的应用已非常普遍。

二、集对分析法

集对分析（Set Pair Analysis）法是我国学者赵克勤于 1989 年提出的一种全新的系统分析方法，已广泛应用于政治、经济、军事和社会生活等各个领域。集对分析法的核心思想就是把被研究的客观事物之间确定性联系与不确定性联系作为一个不确定性系统来分析处理。其中确定性包括同一与对立两个方面，不确定性则单指差异，集对分析就是通过同一性、差异性、对立性这三个方面来分析事物及其系统。这三者相互联系、相互影响又相互制约，在一定的条件下还会相互转化。由此建立起的同异反联系度表达式如下

$$\mu = \frac{S}{N} + \left(\frac{F}{N}\right)_i + \left(\frac{P}{N}\right)_j = a + b_i + c_j \qquad (4\text{-}10)$$

式中，N 表示集对特性总数；S 表示集对相同的特性数；P 表示集对中相反的特性数；F 表示集对中既不相同又不相反的特性数，$F = N - S - P$；i 表示差异度标示数，$i \in [-1,1]$；j 表示对立度标示数，一般 $j = -1$。而 $a = S/N$，$b = F/N$，$c = P/N$ 分别为组成集对的两个集合在问题 W 背景下的同一度、差异度、对立度。海洋产业结构优化水平评价模型构建如下。

（1）构造评价矩阵。设系统有 n 个待优选的对象组成备选对象集记为（M_1，M_2，$\cdots$，M_n），每个对象有 m 个评估指标记为（C_1，C_2，$\cdots$，C_m），每个评估指标均有一个值标志，记为 d_{ij}（$i=1, 2, \cdots, n$；$j=1, 2, \cdots, m$），其中效益型指标为 I_1、成本性指标为 I_2，则对于集对分析同一度的多目标评价矩阵 H 为

$$H = \begin{bmatrix} d_{11} & d_{12} & \dots & d_{1n} \\ d_{21} & d_{22} & \dots & d_{2n} \\ \vdots & \vdots & \dots & \vdots \\ d_{m1} & d_{m2} & \dots & d_{mn} \end{bmatrix} \qquad (4\text{-}11)$$

理想方案 $M_0 = (d_{01}, d_{02}, \cdots, d_{0j}, \cdots, d_{0n})^{\mathrm{T}}$，其中 d_{0j} 为 M_0 方案第 j 个指标值，其大小为 H 矩阵中的 j 个指标中的最优值。比较评价矩阵的指标值 d_{ij} 和理想方案 M_0 中对应的指标值 d_{0j}，可形成被评价对象与理想方案指标不带权的同一度矩阵 Q

$$Q = \begin{bmatrix} a_{11} & a_{12} & \dots & a_{1n} \\ a_{21} & a_{22} & \dots & a_{2n} \\ \vdots & \vdots & \dots & \vdots \\ a_{m1} & a_{m2} & \dots & a_{mn} \end{bmatrix} \qquad (4\text{-}12)$$

式中，元素 a_{ij} 称为被评价对象指标值 d_{ij} 与 M_0 对应指标 d_{0j} 的同一度，有

$$a_{ij} = \frac{d_{ij}}{d_{0j}} \quad (d_{ij} \in I_1) \qquad (4\text{-}13)$$

$$a_{ij} = \frac{d_{0j}}{d_{ij}} \quad (d_{ij} \in I_2) \qquad (4\text{-}14)$$

（2）确定指标权重。

（3）构造评估模型。利用前面已经确定好的权数向量 W 及同一度矩阵 Q，即可确定各评价对象 M_i 与理想方案 M_0 带权同一度矩阵 R

$$R = W \cdot Q = (w_1, w_2, \cdots, w_m) \cdot \begin{bmatrix} a_{11} & a_{12} & \cdots & a_{1n} \\ a_{21} & a_{22} & \cdots & a_{2n} \\ \vdots & \vdots & \cdots & \vdots \\ a_{m1} & a_{m2} & \cdots & a_{mn} \end{bmatrix} = (a_1, a_2, \cdots, a_n) \quad （4\text{-}15）$$

式中，R 中的元素 $a_j = （j=1, 2, \cdots, n）$ 就是第 j 个评价对象与理想方案的同一度。根据同一度矩阵 R 中 a_j 值大小确定出 m 个被评价对象的优劣次序，a_j 值越大则评价对象越好。

（4）多层次综合评判。通过对指标集的分层划分，可将上述模型扩展为多层次集对分析评判模型。也就是将初始模型应用在多层因素上，每一层的评估结果又是上一层评估的输入，直到最上层为止。在对指标集 $C=\{C_1, C_2, \cdots, C_m\}$ 作一次划分 P 时，可得到二层次集对分析评判模型，其算式为

$$R_0 = W \cdot Q = W \cdot \begin{bmatrix} w_1 \cdot a_1 \\ w_2 \cdot a_2 \\ \vdots \\ w_n \cdot a_n \end{bmatrix} \quad （4\text{-}16）$$

式中，W 为 $C/P=\{C_1, C_2, \cdots, C_n\}$ 中 n 个因素 C_i 的权重分配；W_i 为 $C_i=\{C_{i1}, C_{i2}, \cdots, C_{ik}\}$ 中 k 个因素 x_{ij} 的权数分配；Q 和 Q_i 分别为 C/P 和 C_i 的被评价对象与理想方案指标不带权的同一度矩阵；R 则为 C/P 同时为 C 的被评价对象与理想方案带权同一度矩阵。

若对 C/P 再作划分时，则可以得到三层次以至更多层次综合评判模型。据此，可根据不同待优选对象的不同综合评估值 R 的大小排出其优劣次序。

第三节 现代海洋产业体系成熟度研究方法

一、熵值法

熵值法是指用来判断某个指标的离散程度的数学方法。在信息论中，熵是

对不确定性的一种度量。信息量越大，不确定性就越小，熵也就越小；信息量越小，不确定性越大，熵也越大。根据熵的特性，可以通过计算熵值来判断一个事件的随机性及无序程度，也可以用熵值来判断某个指标的离散程度，指标的离散程度越大，该指标对综合评价的影响越大。因此，可根据各项指标的变异程度，利用信息熵这个工具，计算出各个指标的权重，为多指标综合评价提供依据。熵值法是根据各项指标数值的变异程度来确定指标权数的一种客观赋权法，能够克服人为确定权重的主观性以及多指标变量间信息的重叠，可保证各指标所排顺序和相对的重要程度相一致，现已广泛运用于社会经济等研究领域，计算步骤如下。

（1）基于标准化数据 S_{ij}，计算第 i 个评价对象第 j 项评价指标下的指标值比重 P_{ij}，构建矩阵 $P = \left\{ P_{ij} \right\}_{n \cdot m}$，计算公式为

$$p_{ij} = \frac{Y_{ij}}{\sum_{i=1}^{m} Y_{ij}} \tag{4-17}$$

（2）计算指标的信息熵 E_j

$$E_j = -k \sum_{i=1}^{m} P_{ij} \ln P_{ij} \tag{4-18}$$

式中，E_j 为熵值；k 为常数项，$k = 1/\ln n$；P_{ij} 为矩阵 P 的第 i 个评价对象第 j 项评价指标下的指标值比重。

（3）确定指标权重 W_j

$$W_j = \frac{1 - E_j}{\sum_{j=1}^{n} \left(1 - E_j \right)} \tag{4-19}$$

式中，W_j 为指标 j 的权重；E_j 为指标 j 的熵值。

二、突变级数法

突变理论（Catastrophe Theory）是 20 世纪 70 年代发展起来的一门新的数学学科，建立于拓扑动力学、奇点理论等数学理论基础之上，可用于状态评价和变化趋势分析。由突变理论中突变模型衍生出来的突变级数法广泛应用于多准则决策问题，对评价目标进行多层次矛盾分解，由归一公式进行综合量化计算，最后归一为一个参数，即求出总的隶属函数，从而得出综合评价结果。模

型评价步骤如下。

（1）指标数据标准化。构建原始指标矩阵，m 个样本，X_{ij} 为第 i 年第 j 个指标的原始值。由于各项指标的计量单位并不统一，并且根据突变级数法的要求，控制变量须取 0～1 内的数值。因此，计算综合指标前，先要对原始数据进行标准化处理，即把指标的绝对值转化为相对值。本书选取指标均为正向指标，符合突变级数"越大越好"原则，参照以下公式对其进行标准化。

$$Y_{ij} = \frac{X_{ij} - X_{j\min}}{X_{j\max} - X_{j\min}} \qquad (4\text{-}20)$$

式中，X_{ij} 为指标的统计值，$X_{j\max}$、$X_{j\min}$ 分别是同一指标的最大和最小值，i 为第 i 个样本，j 为第 j 个指标。

（2）利用熵值法进行指标排序。

（3）确定突变系统模型。初等突变理论中势函数有 7 种，突变形式常用的有 3 种，分别为尖点突变系统、燕尾突变系统、蝴蝶突变系统。各系统的特点及内容见表 4-1。

表 4-1　初等突变理论中势函数类型及特征

类型	尖点突变系统	燕尾突变系统	蝴蝶突变系统
模型	$f(x) = x^4 + ax^2 + bx$	$f(x) = 1/5x^5 + 1/3ax^3 + 1/2bx^2$	$f(x) = 1/6x^6 + 1/4ax^4 + 1/3bx^3 + 1/2cx^2 + dx$
变量	a、b	a、b、c	a、b、c、d
归一公式	$x_a = \sqrt{a}$, $x_b = \sqrt[3]{b}$	$x_a = \sqrt{a}$, $x_b = \sqrt[3]{b}$, $x_c = \sqrt[4]{c}$	$x_a = \sqrt{a}$, $x_b = \sqrt[3]{b}$, $x_c = \sqrt[4]{c}$, $x_d = \sqrt[5]{d}$
示意图	x a　b	x a　b　c	x a　b　c　d

表 4-1 中的 $f(x)$ 表示突变系统的一个状态变量 x 的势函数，状态变量 x 的系数 a、b、c、d 表示该状态变量的控制变量。系统势函数的状态变量和控制变量是相互矛盾的两个方面。在模型示意图中一般将主要控制变量写在前面，次要控制变量写在后面。若一个指标分解为两个子指标，则该系统视为尖点突变系统；若分解为三个子指标，则视为燕尾突变系统；若分解为四个子指标，则视为蝴蝶突变系统。

（4）导出归一公式。由表 4-1 中突变系统的分歧方程可导出归一公式：设突变系统的势函数为 $f(x)$，根据突变理论，它的所有临界点集合成平衡曲面，

其方程通过对 $f(x)$ 求一阶导数而得，即 $f'(x)=0$，它的奇点集通过对 $f(x)$ 求二阶导数而得，即 $f''(x)=0$。由 $f'(x)=0$ 和 $f''(x)=0$，消去 x，则得到突变系统的分歧点集方程。当各控制变量满足此分歧点集方程时，系统发生突变。归一公式中，x 及控制变量皆取 0～1 范围的数值，同一对象各控制变量（如 a、b、c、d），若不存在明显的相互关联作用，则称该对象各控制变量为非互补型，对应的 x 按 "大中取小" 原则取值；若存在着明显的相互关联作用，则称该对象各控制变量为互补型，对应的 x 按平均值法取得。

（5）计算及综合评价。应用归一公式逐层对指标进行计算，计算出一级指标的得分为止。然后根据各项指标得分，采用多目标线性加权函数法，计算目标层总得分，进行成熟度综合评价。其函数表达式为

$$Y = \sum_{i=1}^{m}\left(\sum_{j=1}^{n} I_j \cdot R_j\right) \cdot W_i \qquad (4\text{-}21)$$

式中，Y 为成熟度综合评价值总得分，I_j 是某单项指标 j 的评分值，R_j 为单项指标 j 在该层次下的权重，W_i 为三个评价准则中第 i 个准则的权重。

（6）成熟度模型等级划分。结合生命周期理论及能力成熟度模型，并借鉴相关学者的成熟度等级划分方法，如李仁杰对大城市环城游憩带成熟度的等级划分，杜小芳对农业物流业成熟度的等级划分，等等，根据现代海洋产业体系自身发展特点，结合综合评价得分值，确定成熟度模型的等级分类，将其发展状态划分为初始期、起步期、发展期、近成熟期、成熟提升期五个阶段（表 4-2）。

表 4-2 成熟度等级划分标准

综合评价值 Y/%	0～25	25～45	45～65	65～85	85～100
等级划分	初始期	起步期	发展期	近成熟期	成熟提升期

三、核密度估计

核密度估计是概率论中用来估计未知的密度函数的，对于数据 $x_1, x_2, \cdots, x_n$ 的函数形式如下

$$f_h(x) = \frac{1}{nh}\sum_{i=1}^{n} K\left(\frac{x - x_i}{h}\right) \qquad (4\text{-}22)$$

式中，核函数（kernel function）$\mathrm{K}(\cdot)$ 是一个加权函数，包括高斯（Gaussian）

核、Epanechnikov 核、三角核、四次核等类型，选择依据是分组数据的密集程度。本书选取高斯核函数进行估计，其函数表达式如下

$$\text{Gaussian：} \frac{1}{\sqrt{2\pi}}e^{-\frac{1}{2}t^2} \tag{4-23}$$

核密度估计无确定的表达式，因而通常采取图形对比的方式来考察其分布变化。本书以现代海洋产业体系成熟度综合得分为样本点进行拟合作图，基于所得图形的峰值、形状、走势、波动等进行对比观察，对现代海洋产业体系成熟度时空格局演进规律进行分析。

第四节　海洋产业质量与规模的协调性研究方法

一、综合赋权法

指标权重确定方法主要有主观赋权法和客观赋权法。为使数据权重能够客观、真实、有效地反映其所带来的信息，将采取主观赋权法（如 AHP）和客观赋权法（如 EVM）结合使用。设由 AHP 确定的数据权重向量组为 $\gamma = \{\gamma_i\}^{\mathrm{T}}$，利用 EVM 确定的客观权重向量组为 $\alpha = \{\alpha_i\}^{\mathrm{T}}$。在计算方案指标时，若主观、客观赋权法下决策结果偏差越小，则结果的实际效果越好。根据最小相对信息熵有

$$F_{\min} = \sum_{i=1}^{n} w_i \left(\ln w_i - \ln \gamma_i\right) + \sum_{i=1}^{n} \left(\ln w_i - \ln \alpha_i\right) \tag{4-24}$$

式中，w_i 为综合权重，$\sum w_i = 1$，$w_i > 0$。用拉格朗日乘子法解上述优化问题得

$$w_i = \left(\gamma_i \alpha_i\right)^{0.5} \Big/ \sum \left(\gamma_i \alpha_i\right)^{0.5} \tag{4-25}$$

由此表明，在满足计算条件的综合权重中，利用几何平均数计算所需的样本信息量最少，而利用其他形式的综合权重，都会在一定程度上增加实际上没有获得的信息。

二、象限图分类识别法

象限图分类识别方法是陈明星等提出的一种关系识别方法，多用于研究城

市化与经济发展水平以及城镇化质量与规模间关系的测度与评价。本书利用其作为事物关系客观判断标准的优势，在引入偏离程度后，用修正后的象限图识别方法，更加细微地考察新常态下海洋经济质量与规模之间的关系。具体步骤如下。

（1）对指标体系测出的海洋经济质量（Q）与规模进行标准化处理，生成两个新的变量 Z_Q 和 Z_R。公式为

$$Z_Q = \left(Q_{\theta j} - \overline{Q}\right) \big/ S_Q \qquad (4\text{-}26)$$

$$Z_R = \left(R_{\theta j} - \overline{R}\right) \big/ S_R \qquad (4\text{-}27)$$

式中，Z_Q、Z_R 分别是标准化处理后的海洋经济质量和规模，$R_{\theta j}$ 是第 j 个沿海省（自治区、直辖市）第 θ 年的海洋经济质量与规模，$\overline{Q}$、$\overline{R}$ 分别是 $Q_{\theta j}$、$R_{\theta j}$ 的平均值，S_Q、S_R 分别为 $Q_{\theta j}$、$R_{\theta j}$ 的标准差。

（2）构造海洋经济质量与规模关系的象限图（图 4-1）。Z_R 为横坐标，Z_Q 为纵坐标。象限中每一个点代表不同年份不同地区的海洋经济质量与规模水平。

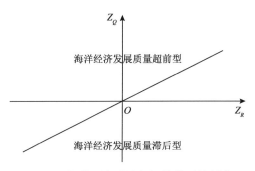

图 4-1　海洋经济质量与规模关系的划分

（3）研判海洋经济质量与规模的关系类型。规定 Z_Q、Z_R 表示海洋经济质量与规模的关系；$(Z_Q + Z_R)$ 表示海洋经济发展协调性程度 C；$|Z_Q - Z_R|$ 表示海洋经济质量与规模的偏离程度 D，同时，结合中国沿海地区海洋经济现实发展状况及相关研究中象限图识别方法评价参数类型及标准制定分级标准（表 4-3）。

（4）最后划分不同年份、不同沿海地区的海洋经济质量与规模关系类型。

表 4-3 海洋经济质量与规模评价参数类型及标准

评价参数	类型及分类标准		
海洋经济 发展水平	低级水平（Ⅲ） $0.5C \leqslant 0.3$	中级水平（Ⅱ） $0.3 < 0.5C \leqslant 1.5$	高级水平（Ⅰ） $0.5C > 1.5$
协调性类型	质量滞后型 $Z_Q < Z_R$	—	质量超前型 $Z_R < Z_Q$
质量与规模 偏离程度	轻度偏离（c） $0.1 < D \leqslant 0.5$	中度偏离（b） $0.5 < D \leqslant 1.5$	重度偏离（a） $D > 1.5$

注：当 $0 < D \leqslant 0.1$ 时，海洋经济质量与规模基本处于协调状态

第五节 海洋产业系统稳定性研究方法

一、灰色关联分析法

灰色关联分析法的基本思想就是根据描述所研究系统指标序列曲线的几何形状与所选的标准系统指标序列曲线的相似程度来判断它们的关联程度。灰色关联度研究的本质是对序列的几何关系进行研究，几何曲线相似度越高，发展趋势就越相似，两者之间就有越大的关联度。假如存在好几条相似的几何曲线，就不能用这种直观的方式确定它们之间的关联度。这时就需要将这些相似的几何曲线进行定量分析。

研究选用灰色关联度对海洋产业系统稳定性评价指标权重进行测算，这种在同一系统中将各种因素与理想取值作对比的判别形式，一改以往的传统模式，使结果更直观并且优于在模糊决策中常用的模糊二元对比形式。灰色关联分析法对于一个系统发展变化态势提供了量化的度量，无论是理论意义还是使用价值都有了较大的提升，非常适合动态历程分析。具体计算步骤如下。

第一步，对原始数据进行标准化处理，以消除量纲的影响，对标准化后的数据做均值化处理。

$$X_i'(k) = X_i(k) \bigg/ \frac{1}{n} \sum_{k=0}^{m} X_i(k)_i \qquad （4-28）$$

式中，$X_i'(k)$ 为所得均值项，$X_i(k)$ 为各评价对象第 i 个评价指标的标准化值，k 为评价对象，$i = 1, 2, \cdots, n$，$k = 0, 1, \cdots, m$。

第二步，求参考序列与比较序列的绝对差。

$$\Delta i(k) = \left| X_i(k) - X_i(0) \right| \qquad (4\text{-}29)$$

式中，参考序列选择海洋经济系统稳定性指标历年最优解，即为序列 $X_i(0)$。

第三步，计算最大差与最小差。

$$\Delta_{\max} = \max_i \max_k \Delta i(k) \qquad (4\text{-}30)$$

$$\Delta_{\min} = \min_i \min_k \Delta i(k) \qquad (4\text{-}31)$$

第四步，计算关联系数。

$$r_i(j) = \frac{\Delta_{\min} + \zeta \Delta_{\max}}{\Delta i(k) + \zeta \Delta_{\max}} \qquad (4\text{-}32)$$

式中，ζ 为分辨系数，它的取值影响关联系数的大小，不影响关联序，一般取 0.5。

第五步，计算各指标的因子关联系数，归一化处理得到各指标灰色关联权重值 w。

$$w_j^* = \frac{w_j}{\sum_{j=1}^{m} w_j} \qquad (4\text{-}33)$$

式中，w_j 代表第 j 个指标对海洋产业系统稳定性的重要度。

二、模糊隶属度函数法

以海洋经济系统稳定性的评估体系和基础数据为基础，采用灰色关联度对不同层级的指标数据进行权系数赋值，采用模糊隶属度函数方法构建 ICEM 模型，求算海洋经济系统稳定性的标准化数据、指标权系数和指标的模糊隶属度函数值，进而计算海洋经济系统稳定性指数并给出优先顺序。

1. ICEM 的一级评估模型

一级评价技术模型是着眼于具体的评价指标 U_{ij}，建立在评价指标集 U_{ij} 上的，即 $U_{ij} \rightarrow U_i$ 的评价模型。假设评价的区域范围共包含 p 个区域单元（如对中国海洋经济系统稳定性进行评价，则 $p=11$），评价指标集合 U_i 中的第 j 个指标 U_{ij} 在第 s 个区域单元上的实测值（统计或调查数据）为 $U_{ij}^*(s=1,2,\cdots,p)$。以具体评价城市中第 j 个指标数值最大的为该指标的理论最大值，最小的为该指标的理论最小值，即

$$u_{ij}^{\max} = \max_s u_{ij}^s, \quad u_{ij}^{\min} = \max_s u_{ij}^s \tag{4-34}$$

如果 U_{ij} 是"越大越优"型（正向指标），则采用半升梯形模糊隶属度函数模型；如果 U_{ij} 是"越小越优"型（逆向指标），则采用半降梯形模糊隶属度函数模型。也就是说，a_{ij}^s 就是对于评价指标 U_{ij} 而言，第 s 个城市单元从属于海洋经济系统稳定性评价体系的隶属度。这样，就可以得到如下隶属度矩阵

$$A_i = \begin{pmatrix} a_{i1}^1 & a_{i1}^2 & \cdots & a_{i1}^P \\ a_{i2}^1 & a_{i2}^2 & \cdots & a_{i2}^P \\ \vdots & \vdots & \cdots & \vdots \\ a_{in}^1 & a_{in}^2 & \cdots & a_{in}^P \end{pmatrix} \tag{4-35}$$

在评价指标集合 U_i 中，如果各评价指标的权系数为 $W_i=(W_{i1},W_{i2},\cdots,W_{in})$，则一级评估结果可以通过如下变换公式求得

$$V_i = \left(V_i^1, V_i^2, \cdots, V_i^P\right) = W_i A_i \tag{4-36}$$

式中，$V_i^s(s=1,2,\cdots,p)$ 为就评价指标集合 U_i 而言，第 s 个城市单元从属于海洋经济系统稳定性的隶属度。

2. ICEM 的二级评估模型

ICEM 的二级评估模型是着眼于评价指标集合 U_i 建立在评价指标体系 U 上的，即 $U_i \rightarrow U$ 的评价模型。在一级评估模型计算结果的基础上，令

$$A = \begin{pmatrix} V_1 \\ V_2 \\ \vdots \\ V_{13} \end{pmatrix} = \begin{pmatrix} V_1^1 & V_1^2 & \cdots & V_1^P \\ V_2^1 & V_2^2 & \cdots & V_2^P \\ \vdots & \vdots & \cdots & \vdots \\ V_{13}^1 & V_{13}^2 & \cdots & V_{13}^P \end{pmatrix} \tag{4-37}$$

在 U 中，如果各评价指标集合的权重分配为 $W=(W_1,W_2,\cdots,W_n)$，则二级评

价结果，即综合评价结果为

$$V_i = \left(V^1, V^2, \cdots, V^p\right) = WA \qquad (4\text{-}38)$$

式中，$V_i^s(s=1,2,\cdots,p)$ 是就评价指标体系 U 而言的，第 s 个城市单元从属于海洋经济系统稳定的隶属度。将 $V_i^s(s=1,2,\cdots,p)$ 从大到小排序，便得到待评价的沿海各城市海洋经济系统稳定性的优劣顺序。

第五章

中国海洋产业结构变迁实证研究

沿海不同地区之间由于自然资源禀赋、经济基础、社会历史条件等方面的不同，海洋经济空间格局特点与海洋产业结构存在较大的差异。为了促进各地区海洋经济协调发展，急需优化海洋经济空间格局。海洋产业是人类利用海洋资源和空间所进行的各类生产和服务活动。海洋产业结构是海洋各产业部门的比例关系，是海洋经济的基础，它的改变往往能够促进海洋产业的升级，改变区域海洋经济空间格局。因此，本书以我国沿海 11 个省（自治区、直辖市）（不含港澳台）海洋经济份额变动情况为例，应用 K 均值聚类法和偏离-份额分析法对我国海洋经济空间格局演化与海洋产业变迁进行测度研究，以期丰富我国海洋产业经济学研究的领域。

第一节　海洋产业结构变迁研究方法

本书采用偏离-份额分析法研究中国海洋产业空间格局演化与产业变迁，计算方法及过程参见本书第四章第一节内容。

根据式（4-1）～式（4-9），a 到 $a+1$ 阶段区域 b 占全国（n）经济份额的变动可由式（5-1）给出

$$
\begin{aligned}
\Delta P_b &= \frac{G_b^{a+1}}{G_n^{a+1}} - \frac{G_b^a}{G_n^a} \\
&= \frac{G_b^a \sum_{j=1}^{3} S_{jn}^a (g_{jb} - g_{jn})}{G_n^{a+1}} + \frac{G_b^a \sum_{j=1}^{3} (S_{jb}^a - S_{jn}^a)(1 + g_{jn})}{G_n^{a+1}} \\
&\quad + \frac{G_b^a \sum_{j=1}^{3} (S_{jb}^a - S_{jn}^a)(1 + g_{jn})}{G_n^{a+1}} \\
&= C_E + I_M + A_E = P_I + S_I + T_I
\end{aligned}
\tag{5-1}
$$

式中，

$$
C_E = \frac{G_b^a \sum_{j=1}^{3} S_{jn}^a (g_{jb} - g_{jn})}{G_n^{a+1}}
$$

$$I_M = \frac{G_b^a \sum_{j=1}^3 (S_{jb}^a - S_{jn}^a)(1 + g_{jn})}{G_n^{a+1}}$$

$$A_E = \frac{G_b^a \sum_{j=1}^3 (S_{jb}^a - S_{jn}^a)(1 + g_{jn})}{G_n^{a+1}}$$

式中，G 为地区或国内生产总值；S_1、S_2、S_3 分别为第一、第二和第三产业占地区生产总值或国内生产总值的比重（即产业结构）；g_1、g_2、g_3 分别为第一、第二和第三产业的增长率。

由式（5-1）可知，a 到 $a+1$ 阶段区域 b 占全国经济份额的变动可以被分解为三个分量：区域（或竞争）偏离分量 C_E，即区域竞争力份额，反映区域 b 第 j 产业相对竞争力，是区域 b 第 j 产业增长速度与全国相应产业增长速度的差别所引起的偏差；结构偏离分量 I_M 即产业结构转移份额，是指区域产业比重与全国相应产业比重的差异引起的区域 b 第 j 产业增长相对于全国标准产生的偏差；分配偏离分量 A_E，反映的是产业结构与区域竞争力之间的相互作用。同时，份额变动也可以被分解为三个产业分量（P_I、S_I、T_I），分别表示第一、第二、第三产业对经济份额变动的贡献。

第二节　海洋产业结构变迁研究结果

区域经济份额的变动在一定程度上能够反映区域经济空间格局的演变。为了更客观地确定我国海洋经济空间格局演化的阶段，采用 K 均值聚类法，运用 SPSS11.5 软件对我国的海洋生产总值数据进行统计分析。结果显示，在聚类群 $K=3$ 误差函数迭代值趋于稳定，表明可以分为三个阶段。通过最小化误差函数得出最终的分段结果为 1996～2001 年、2002～2007 年、2008～2013 年。依据这三个阶段对沿海 11 个省（自治区、直辖市）生产总值进行整理，并运用式（5-1）计算出驱动区域海洋经济增长的产业，得出了 1996～2013 年我国沿海 11 个省（自治区、直辖市）海洋经济所占份额变动情况以及海洋第一、第二、第三产业对经济份额变动的贡献（表 5-1）。

表 5-1 我国沿海省（自治区、直辖市）海洋经济份额变动情况

| 地区 | 1996~2001 年 | | | | 2002~2007 年 | | | | 2008~2013 年 | | | |
	P_I	S_I	T_I	海洋经济份额变动	P_I	S_I	T_I	海洋经济份额变动	P_I	S_I	T_I	海洋经济份额变动
天津	0.013	0.003	−0.016	2.442	0.004	0.002	−0.011	−0.711	0.005	−0.006	0.000	2.030
河北	−0.001	0.003	−0.003	−0.297	−0.001	0.010	0.007	1.720	−0.001	−0.005	−0.009	−1.493
辽宁	−0.008	0.022	0.007	−0.480	−0.002	0.020	−0.001	−0.283	−0.003	0.027	−0.004	−0.092
上海	0.019	0.001	−0.043	2.401	0.005	0.015	0.002	−2.561	0.004	0.002	−0.007	−4.517
江苏	0.016	0.009	−0.017	0.351	0.000	0.006	0.006	1.342	0.000	0.012	0.007	1.946
浙江	−0.043	−0.040	0.120	1.217	−0.011	−0.015	−0.008	0.538	−0.009	−0.031	−0.006	0.673
福建	0.009	−0.003	−0.012	1.339	0.002	0.004	0.012	−0.409	0.002	0.000	0.004	0.212
山东	−0.031	0.011	−0.013	−2.237	−0.003	−0.001	−0.010	2.630	0.004	−0.004	0.003	−0.037
广东	0.020	0.002	−0.008	−3.216	−0.004	−0.035	0.006	−3.966	−0.007	0.009	0.010	1.173
广西	0.001	−0.008	−0.012	−1.872	0.001	−0.002	−0.003	−0.303	0.002	0.001	0.000	0.315
海南	0.006	0.000	−0.003	0.288	0.003	−0.005	−0.001	−0.222	0.003	−0.004	0.002	0.181

一、海洋经济空间格局演化阶段与特征

由表 5-1 可以看出，1996~2001 年，我国沿海 11 个省（自治区、直辖市）的海洋经济份额波动较大。天津港口滨海新区等相关建设，推动了传统海洋产业的升级改造，促进了海洋新兴产业的发展，因此，天津海洋经济份额提升最大。作为我国东部地区海洋经济发展的领头羊，上海海洋经济份额提升排名第二。福建、浙江海洋经济份额所占比重提升也较大。在此期间，广东海洋经济所占份额下降比较明显。主要原因在于，1993 年政府加强了宏观调控的力度，采取了适度紧缩的宏观经济政策，因此，广东海洋经济难免受到影响。河北、江苏、海南、辽宁海洋经济份额所占份额变化不大，变化幅度都在 0.5% 以内。

2002～2007 年，我国沿海 11 个省（自治区、直辖市）海洋经济份额呈现出较大的波动。除河北、江苏、山东、浙江以外，其余省（自治区、直辖市）海洋经济所占份额均有所下降，其中广东下降幅度最大。这是因为广东作为我国率先实行对外开放的地区，海洋经济以外向型为主，随着 2003 年"非典"疫情的爆发，海洋出口严重受阻，滨海旅游业遭受重创。上海海洋经济所占份额下滑也比较明显。主要原因是上海海洋经济发展水平较高，且已经开始关注海洋经济发展的质量与效益；摒弃高污染、高能耗的重化工业，发展新兴的战略性海洋产业造成了海洋经济增速的放缓。山东海洋经济份额提升较大，优越的自然资源禀赋成为支撑海洋经济快速发展的基本条件；而"海上山东"战略的提出与深入为山东发展海洋经济提供了理论依据和政策支持。江苏在面对中国沿海经济带"洼地"的现实情况下，大力发展船舶工业，海洋经济发展迅速。

2008～2013 年，我国海洋经济经历了世界金融危机和后金融危机时代世界经济复苏乏力的双重影响，发展速度自 2012 年以后出现了放缓的趋势，率先于国民经济步入"经济新常态"。天津海洋经济的发展比较突出，自 2006 年滨海新区获批成为国家级新区后，海洋经济迅速发展并辐射带动了整个环渤海地区海洋经济的发展。上海海洋经济所占份额显著下降，这是因为上海海洋经济对外贸易依存度较高：一方面受到金融危机的冲击较大，海洋对外贸易形势严峻；另一方面上海已经调整海洋产业结构，以创新驱动海洋经济发展，重视发展高质量的蓝色海洋经济，因此海洋经济增速放缓是一种必然趋势。自 2009 年江苏海洋经济发展上升为国家战略以来，发展迅速，船舶工业进一步发展，海洋经济所占份额持续上升。广西、海南、福建分别在北部湾经济区、海南国际旅游岛、海峡西岸经济区国家战略的带动下，海洋经济份额纷纷上升。辽宁与山东海洋经济所占份额基本保持不变。

二、海洋经济增长的驱动产业及变迁

表 5-1 中把海洋产业结构划分为单一驱动与复合式驱动海洋经济增长两种模式：对于海洋经济所占份额上升的地区，若 P_I、S_I、T_I 中有 1 个数值为正，那么该海洋产业为驱动此区域海洋经济增长的唯一海洋产业；若 3 个数值都为正，但另外两个之和仍然小于另一个数值时，则此区域也为单一海洋产业驱动。若一个区域 3 个海洋产业分量有 2 个是正的，则表示该区域是复合式

驱动的海洋产业。但如果其中一个是另一个的 3 倍以上，则此区域仍为单一海洋产业驱动。

故由表 5-1 可知，1996～2001 年，驱动各省（自治区、直辖市）海洋经济增长的大多为海洋第一产业，表明海洋经济处于低水平发展阶段，海洋经济基础薄弱，海洋产业体系发展不够完善，各项产业附加值均处于产业链的低端水平。只有上海是海洋第三产业驱动海洋经济增长，这与上海拥有雄厚的科技实力、广阔的腹地、众多优秀的人力资源是密不可分的。

2002～2007 年，江苏大力提升海洋经济发展质量，形成以海洋船舶制造业、滨海旅游业、海洋建筑工程业为主的海洋第二、第三产业体系。驱动海洋经济增长的海洋产业转变为以海洋第二产业为主，海洋第二、第三产业共同驱动海洋经济发展的产业体系。浙江根据该省海岛资源丰富的特点，大力发展滨海旅游业，海洋第三产业已成为驱动海洋经济增长的主要海洋产业。本阶段拉动我国海洋经济增长的三次海洋产业由海洋第一产业转变为海洋第二产业，这表明我国海洋产业结构正在升级优化。

2008～2013 年，广西凭借良好的政策和地缘优势大力发展北部湾经济区，海洋经济所占份额首次得到了提高。在此期间，浙江和广东海洋第三产业是驱动海洋经济增长的主要海洋产业。我国逐渐形成了北部沿海地区为海洋第二产业驱动、南部沿海地区为海洋第三产业驱动海洋经济的发展模式。

三、海洋经济空间格局演化与海洋产业竞争优势分析

为了更清楚地分析我国沿海省区海洋经济空间格局演化及其海洋产业竞争优势，选取对区域海洋经济发展影响较大的三次产业的区域偏离分量和结构偏离分量来进行分析。

由于 1996～2001 年我国海洋经济发展还不够成熟，在此之后的大部分时间海洋第二、第三产业对于海洋经济增长的贡献较为明显，因此，本书以海洋第二、第三产业的区域偏离分量和结构偏离分量进行研究，结果见表 5-2。正向的区域偏离分量表示区域产业增长高于全国平均水平而带来经济份额的上升，正向的结构偏离分量表示某一区域产业结构水平优于全国平均水平所带来经济比重的上升。

表 5-2　中国沿海省（自治区、直辖市）海洋产业第二、第三产业的区域偏离分量与结构偏离分量

（单位：%）

地区	区域偏离分量						结构偏离分量					
	第二产业			第三产业			第二产业			第三产业		
	1996~2001年	2002~2007年	2008~2013年	1996~2001年	2002~2007年	2008~2013年	1996~2001年	2002~2007年	2008~2013年	1996~2001年	2002~2007年	2008~2013年
辽宁	−0.466	−0.120	−0.848	−0.865	2.041	1.028	0.898	0.272	0.305	−1.139	−2.027	−0.808
河北	0.291	0.488	−0.616	−0.269	1.566	−0.893	0.038	0.414	0.187	−0.063	−0.449	−0.029
天津	1.329	0.271	1.097	−0.020	0.483	0.761	0.469	1.506	1.180	0.680	−0.467	−0.919
山东	−0.371	−0.156	−0.133	1.231	17.068	−0.034	0.543	1.683	0.332	−4.566	−5.255	−0.688
江苏	0.778	−0.172	1.353	−1.376	12.549	0.455	0.092	0.814	−0.104	−1.014	−2.433	0.206
上海	−2.807	12.214	−2.855	2.528	−5.944	−1.641	−2.090	−5.962	−0.470	6.687	12.531	1.383
浙江	0.012	0.222	0.544	0.014	3.180	0.224	−0.347	0.191	−0.464	−1.181	−1.016	0.195
福建	0.547	−5.003	0.164	0.533	0.456	0.042	−0.298	2.906	−0.571	−1.077	−1.398	0.234
广东	−0.124	2.275	0.977	−2.725	−0.337	0.508	1.258	−1.439	−0.114	2.043	1.053	0.446
广西	−0.617	0.139	0.139	−1.170	−0.259	0.115	−0.383	0.293	−0.050	−0.347	−0.034	−0.078
海南	0.272	−0.427	−0.102	−0.253	1.020	0.114	−0.179	−0.092	−0.292	−0.023	−0.504	−0.088

　　由表 5-2 可以看出 1996~2013 年我国沿海各省（自治区、直辖市）海洋产业结构与产业竞争力之间的总体关系。从区域偏离分量来看，广东、江苏、天津海洋第二产业发展较好，相比其他沿海省（自治区、直辖市）具有较强的竞争力。上海在我国加入世界贸易组织以后，继续加大对外开放力度，大力发展海洋第二产业，海洋第二产业区域偏离分量对于海洋经济份额变动的贡献十分显著。但随着 2008 年以来各沿海省（自治区、直辖市）的发展相继上升至国家战略层面以及上海市大力发展海洋第三产业，其海洋第二产业区域偏离分量出现了较大的波动。从海洋第三产业区域偏离分量来看，2002~2007 年，山东、江苏增速明显高于其他沿海省（自治区、直辖市）。

　　1996~2013 年，我国海洋第二、第三产业结构偏离分量出现明显的变化趋势。1996~2001 年，辽宁、河北、天津、山东、江苏海洋第二产业结构偏离分量高于上海、浙江、福建等，主要是因为前者自然资源禀赋较好，有发达的重工业体系；而后者以轻工业为主，中小企业偏多，小商品经济发达。上海和广东作为我国对外开放的先导区域，海洋经济结构比较合理，因此海洋第三产业

结构偏离分量对海洋经济增长的贡献率较大。

在 2002～2007 年，我国大部分沿海省（自治区、直辖市）海洋第二产业结构优势加强，对海洋经济的贡献作用增强。在此期间，上海与广东在海洋第三产业结构上继续保持优势地位。随着时间的推进，自 2008 年以来，大体上表现为江苏、上海、浙江、福建、广东海洋第三产业结构偏离分量高于辽宁、河北、天津、山东，而海洋第二产业结构偏离分量却低于这类地区。这表明，辽宁、河北、天津、山东海洋第三产业发展速度滞后于上海、浙江等地区，海洋第二产业仍占有较大比重。

第六章

中国海洋产业结构优化实证研究

海洋产业结构的优化是建设海洋经济强国的基本要求。海洋产业结构的转变受到一个国家（地区）的资源禀赋条件、初始结构及其所选择的发展政策等因素的影响，因而不同国家（地区）的海洋产业结构转变绝不会是一个统一的范式。因此，开展我国沿海地区海洋产业结构优化研究意义重大。本书采用层次分析法赋权，基于集对分析方法，对沿海 11 个省（自治区、直辖市）（不含港澳台）海洋产业结构优化水平进行综合评价。在理论层面上，本书旨在丰富海洋经济发展和海洋产业结构优化的相关理论；在实践层面上，有助于为我国沿海省（自治区、直辖市）海洋产业结构调整和优化提供切实可行的理论依据。

第一节　海洋产业结构优化评价指标体系构建

海洋产业结构是指各类海洋产业及内部各海洋产业部门之间的相互联系和比例关系，根据这一基本内涵，综合考虑海洋产业结构优化的影响因素，遵循客观性、科学性、层次性、区域性、可比性与动态性原则，从五个方面对海洋产业结构优化水平进行分析。

（1）协调化水平。海洋产业结构协调化是指在优化海洋产业结构过程中要注意协调海洋各产业、各部门、各环节之间的内在联系和数量的比例关系。本书选用非渔产业结构指数、海洋第二产业比重、海洋第三产业比重三项指标，反映非渔产业产值与就业结构的协调程度及非渔海洋产业间的协调程度。

（2）合理化水平。目前我国关于产业结构合理化的定义各不相同，本书参照其中的一类资源配置论建立各指标，该理论从资源在产业间的配置结构及利用的角度来考察产业结构合理化水平，要求实现资源在产业间的合理配置和有效利用。基于此本研究选择了非渔劳动生产率、海域集约利用指数及能源生产效率这三项指标，其中非渔劳动生产率反映了劳动力在海洋第二产业和第三产业中的分配情况，海域集约利用指数反映出单位确权海域面积的经济产出水平，能源生产效率则是对海洋产业结构节能增效的综合反映。

（3）高度化水平。海洋产业结构高度化实质是随着科学技术进步、国际分工深化，海洋产业结构不断向高附加值化、高技术化、高集约化发展的过程。由此本书选择了海洋科技经费筹集指数、劳动力专业化指数、海洋科研教育管理服务业发展指数三项指标。其中海洋科技经费筹集指数反映沿海各省（自治区、直辖市）对科技创新的投入与支持力度，劳动力专业化指数反映从事海洋产业人员的专业技术水平，海洋科研教育管理服务业发展指数反映海洋产业向高技术含量、高附加值、低资源消耗型产业结构转化升级的过程。

（4）国际化水平。海洋产业的发展离不开国际市场，在当今经济全球化的背景下，海洋产业结构的优化升级越来越受到国际经济环境影响。本书选择国际标准集装箱吞吐量及旅游外汇收入两项指标来反映沿海各省（自治区、直辖市）海洋产业发展与国际市场的联系程度与对国际环境的依赖度。

（5）发展潜力水平。海洋产业的发展潜力是指一定时期内海洋产业发展水平的变化程度，能够反映出沿海各省（自治区、直辖市）海洋产业发展是否具有活力。本书选择海洋 GDP 增长率、海洋第二产业增长率、海洋第三产业增长率三项指标来反映各省（自治区、直辖市）海洋产业增长速度及发展水平的总体变化程度，由此构建由 5 项一级指标、14 项二级指标构成的海洋产业结构优化水平综合评价指标体系，对于指标中无法获得的数据，选取相关代表性数据来代替。综合评价指标体系如表 6-1 所示。

表 6-1　海洋产业结构优化水平综合评价指标体系及权重

目标层	准则层	权重	指标层	指标解释及计算	权重
海洋产业结构优化水平 A	协调化水平 B_1	0.1600	非渔产业结构指数 C_1	海洋第二产业、海洋第三产业产值之和与海洋就业人口的比例	0.3325
			海洋第二产业比重 C_2	海洋第二产业比重	0.1607
			海洋第三产业比重 C_3	海洋第三产业比重	0.5068
	合理化水平 B_2	0.2454	非渔劳动生产率 C_4	海洋第二产业、海洋第三产业产值之和与海洋第二产业、海洋第三产业就业人数之和的比例	0.3108
			海域集约利用指数 C_5	海洋经济总值与确权海域面积之比	0.4934
			能源生产效率 C_6	海洋生产总值与海洋能源总消费量之比	0.1958

续表

目标层	准则层	权重	指标层	指标解释及计算	权重
海洋产业结构优化水平 A	高度化水平 B_3	0.1463	海洋科技经费筹集指数 C_7	海洋科技经费筹集总额占地区财政收入比重	0.2743
			劳动力专业化指数 C_8	各地区海洋科研机构专业技术人员占该地区从业人员比重与沿海11个省（自治区、直辖市）专业技术人员比重之比	0.1661
			海洋科研教育管理服务业发展指数 C_9	海洋科研教育管理服务增加值比重	0.5596
	国际化水平 B_4	0.2768	国际标准集装箱吞吐量箱数/万吨 C_{10}	从《中国海洋统计年鉴 2011》中获得	0.8333
			旅游外汇收入/万美元 C_{11}	从《中国统计年鉴 2011》中获得	0.1667
	发展潜力水平 B_5	0.1715	海洋 GDP 增长率 C_{12}	海洋 GDP 增长率的平均值	0.1238
			海洋第二产业增长率 C_{13}	海洋第二产业增长率的平均值	0.4934
			海洋第三产业增长率 C_{14}	海洋第三产业增长率的平均值	0.3828

第二节　海洋产业结构优化研究方法

一、指标权重确定

本节应用层次分析法赋权，计算方法及过程参见本书第四章第二节内容。

二、海洋产业结构优化水平评价模型

本节运用集对分析法对 2010 年中国海洋产业结构优化水平进行综合评价，计算方法及过程参见本书第四章第二节内容。

第三节 海洋产业结构优化研究结果

一、综合评价

按照上述步骤对原始数据进行分析，得到的评价结果如表 6-2 和表 6-3 所示。

表 6-2 海洋产业结构优化水平综合评价结果

地区	天津	河北	辽宁	上海	江苏	浙江	福建	山东	广东	广西	海南
综合评价结果	0.4257	0.3105	0.3470	0.8075	0.4256	0.4258	0.3835	0.4320	0.6311	0.3084	0.3037

从表 6-2 可以看出，上海、广东、山东和浙江 4 个省（直辖市）综合排名位列前四，海洋产业结构优化水平普遍较高，其中以上海得分最高，即在沿海 11 个省（自治区、直辖市）中海洋产业结构优化水平最高，天津、江苏、福建、辽宁等地的海洋产业结构优化水平分列第五位、第六位、第七位、第八位，其海洋产业结构优化水平中等；河北、广西、海南的海洋产业结构优化水平则相对较低。

二、分项指标评价

根据表 6-3 中 5 项一级指标评价结果并结合 14 项二级指标对沿海 11 个省（自治区、直辖市）海洋产业结构优化水平进行分析，结果如下。

表 6-3 一级指标综合评价结果

准则层	地区										
	天津	河北	辽宁	上海	江苏	浙江	福建	山东	广东	广西	海南
协调化水平	0.6779	0.6224	0.5750	0.9360	0.7131	0.6208	0.6128	0.6559	0.6661	0.4964	0.5633
合理化水平	0.3878	0.2355	0.1959	0.9868	0.4085	0.3047	0.2796	0.2979	0.3327	0.1886	0.2181
高度化水平	0.5151	0.2999	0.5159	0.7372	0.4903	0.5598	0.5675	0.5911	0.7621	0.3880	0.6321
国际化水平	0.2364	0.0181	0.2391	0.7113	0.1484	0.3552	0.2267	0.3587	1.0000	0.0229	0.0220
发展潜力水平	0.4740	0.6079	0.3805	0.6465	0.5744	0.4170	0.4141	0.3972	0.3185	0.6972	0.3588

由协调化水平分析可知，上海得分最高，尽管其海洋第二产业比重较低，

但非渔产业结构指数在沿海 11 个省（自治区、直辖市）中位列第一，表明其非渔海洋产业结构与就业结构协调程度非常高。此外其海洋第三产业发展水平也非常高，已成为海洋经济的支柱产业和主导产业。排在其后的有江苏、天津、广东，三地协调化水平也较高，其中江苏、天津两地非渔产业结构指数及海洋第二产业比重相对高于其他省（自治区、直辖市），且海洋第二、第三产业比重相当，因此发展较为协调；广东海洋第二、第三产业均较为发达，协调化程度高。山东、河北、浙江、福建协调化水平排位中等，其中山东海洋第三产业比重偏低，但海洋三次产业产值都很高，因此整体海洋产业结构较为协调；河北海洋第二产业比重远高于海洋第三产业，导致整体海洋产业结构协调度不高；浙江、福建两地海洋第二、第三产业比重较其他省（自治区、直辖市）水平中等、非渔产业结构指数偏低，从而整体协调性较差。排在后三位的是辽宁、海南、广西，三地非渔产业结构指数也排在后三位，且海洋第一产业比重相对较高，海洋第二产业和海洋第三产业比重有待提高，因此这三地海洋产业结构协调化水平相对较低。

由合理化水平分析可知，上海仍然排在第一位，其海洋资源利用率、生产率极高，海洋产业结构在合理化水平上具有明显优势。江苏、天津、广东分列第二、第三、第四位，其中除江苏海域集约利用指数、天津能源生产效率、广东非渔劳动生产率分别较其他省（自治区、直辖市）偏低，其余各项指标排名均靠前，表明三地海洋产业结构较为合理。浙江、山东、福建、河北等地海洋产业结构合理化程度处中等水平，其中浙江、福建两地非渔劳动生产率较其他省（自治区、直辖市）偏低，海域集约利用指数、能源生产效率水平中等。山东、河北两地则是非渔劳动生产率较高而另两项指标偏低，三项二级指标中海域集约利用指数权重最高、非渔劳动生产率权重次之、能源生产效率权重最低。因此综合来看，4 个省海洋产业结构合理化程度不够高，能源资源利用率需进一步提高。海南、辽宁、广西的非渔劳动生产率、海域集约利用指数及能源生产效率三项二级指标排名均靠后，表明不能有效利用区域内丰富的海洋资源，海洋产业结构合理化水平相对较低。

由高度化水平分析可知，广东得分最高，该地区科技投入偏低，劳动力专业化指数排位中等，但海洋教育、管理、科技服务业等高技术含量、高知识含量、高产业经济效益贡献率的海洋科研教育管理服务业发展指数权重大，因而该地区在高度化水平上占有优势。上海、海南、山东三地高度化水平排名较为靠前，总体来看除海南科技经费筹集指数偏低，其他各项指标均排在中等及中等偏上水平，因而三地高度化水平高。具体来看，上海、山东两地科技投入大、海洋科技专业技术人员相对较少、海洋科研教育管理服务业发展水平相对较低。海南则是海洋科技投入少、其他两项指标排位靠前。福建、浙江、辽宁、天津等地高度化水平排位中等，其中福建、浙江两地三项二级指标在沿海 11 个省（自治区、直辖市）中的排名差距不大，其高度化水平中等，辽宁、天津两地科技经费筹集指数较大，劳动力专业化指数和海洋科研教育管理服务业发展指数偏低，且前一项指标排名远高于后两项。因此总体来看，这些地区在高度化水平上的优势不明显。江苏、广西、河北高度化水平相对较低，其中各项二级指标水平普遍较低，表明这些地区海洋科技人员匮乏，科研投资力度小，海洋产业整体科研素质不高，海洋产业结构在高度化水平上不具有优势。

由国际化水平分析可知，广东国际化水平最高，其国际标准集装箱吞吐量和旅游外汇收入指标均列第一位，说明该地区旅游业发达、实力雄厚，是创汇大省，同时也说明其海洋产业对国际经济环境依赖性高，易受到外部经济环境影响。上海、山东、浙江国际化水平相对较高，其中上海国际标准集装箱吞吐量和旅游外汇收入在沿海 11 个省（自治区、直辖市）中均列第二位，浙江这两项指标均列第四位，整体水平较高，同时也表明两地海洋产业对国际环境有一定的依赖性，山东国际标准集装箱吞吐量列第三位，旅游外汇收入列第七位，较上海、浙江等地有较大差距，需进一步提高。辽宁、天津、福建、江苏等地国际化水平分列第五、第六、第七、第八位，其中江苏旅游外汇收入较高、旅游业发达，但国际标准集装箱吞吐量在 4 个省（直辖市）中最低，对江苏国际贸易量支撑力度不够，其余地区各项指标水平中等，在沿海 11 个省（自治区、直辖市）中排位差距不大，因此综合来看，4 个省（直辖市）海洋产业结构国际化水平不高。广西、海南、河北的国际标准集装箱吞吐量和旅游外汇收入均排在后三位，国际化水平整体偏低，海洋产业发展与国际市场关系与其他省（自治区、直辖市）相比还有很大差距。

由发展潜力水平分析可知，广西排名最高，其海洋第三产业增长率在沿海 11 个省（自治区、直辖市）中排名第一，海洋 GDP 增长率、海洋第二产业增长率均列第六位，但海洋第三产业增长率指标权重较大，因此广西发展潜力水平列第一位。上海、河北、江苏三地海洋产业发展潜力水平相对较高，其中上海海洋第二产业增长率在沿海 11 个省（自治区、直辖市）中最高、海洋第三产业增长速度与其他省（自治区、直辖市）相比有较大差距，河北、江苏两地海洋第二产业增长率、海洋第三产业增长率及海洋 GDP 增长率均排在前三位，表明两地海洋产业产值增长快、发展水平较其他省（自治区、直辖市）变化程度大。天津、浙江、福建、山东等地发展潜力水平中等，其中天津、浙江两地海洋第二产业发展快于海洋第三产业；福建、山东海洋第三产业发展迅速，海洋 GDP 增长率、海洋第二产业增长率均排在中等位置，总体来看，海洋产业发展潜力水平不高。辽宁、海南、广东三省各项二级指标排名均靠后，海洋产业增长率偏低，三次产业产值增长较慢，发展水平较其他省（自治区、直辖市）变化程度小，三省发展潜力水平整体较低。

中国现代海洋产业体系成熟度实证研究

本书尝试从"成熟度"这一角度出发，构建现代海洋产业体系成熟度评价指标体系，利用突变级数法对我国沿海 11 个省（自治区、直辖市）（不含港澳台）的现代海洋产业体系成熟度进行评价，并利用核密度估计模型及地理信息系统（GIS）空间分析技术对其结果进行时空差异分析，旨在从理论上探索现代海洋产业理论研究的思路，从实践上全面了解现代海洋产业体系的完善状况及变化趋势，从而为我国海洋产业转型升级、制定区域海洋发展规划以及推动海洋强国阶段性目标的实现提供有力的科学依据。

第一节　现代海洋产业体系成熟度内涵

一、现代海洋产业体系的内涵

产业体系是产业因各种相互关系而构成的整体，其发展演进是伴随产业要素不断优化的动态过程。关于现代产业体系，目前国内外没有明确、权威的概念，但普遍认为它是与传统产业体系相对而言的、现代服务业的比例较高、突出更多现代元素的一个系统，而争议之处是现代产业体系是否包括支撑辅助系统。基于此，本书认为所谓现代海洋产业体系，是指以高科技含量、高附加值、低污染、自主创新能力强、适宜地区发展现状的产业群为核心，以技术、创新、人才、资本、信息等高效运转的产业辅助系统为支撑，以基础设施完备、政策法制完善、自然环境承载力强的产业发展环境为依托的产业体系。其中现代海洋产业界定为：既包括海洋渔业中的海水养殖和远洋捕捞等从传统产业中改造升级的海洋产业，也包括海洋油气业、海洋化工业、海洋生物医药业、海洋电力业、海水利用业、滨海旅游业、海洋科研教育管理服务业等新兴海洋产业。

二、现代海洋产业体系成熟度的提出

本书定义的现代海洋产业体系成熟度，是指现代海洋产业体系随着时间的推移经过若干不同成熟度水平层级的发展而达到最高水平的过程。进一步阐述现代海洋产业体系成熟度的含义包括两个方面。

（1）现代海洋产业体系成熟度是基于生命周期理论提出的，是一种对成长发展阶段的描述。随着海洋产业体系的发展，其成熟度水平逐渐提高，达到最佳发展水平，进入理想的发展状态。实质则是为现代海洋产业体系的发展提供了一个阶梯式的进化框架，是对现代海洋产业体系发展水平和能力的具体度量。

（2）海洋产业体系成熟度是一个相对概念，既包含时间性的纵向比较，又包括区域性的横向比较。

第二节　现代海洋产业体系成熟度评价指标体系构建

从现有资料来看，成熟度理论借鉴生命周期理论，认为把研究对象置于一个相当长的发展周期中来考察，会呈现出明显的周期特征，根据不同的研究对象可将其成长过程划分为不同阶段。本书以此为理论基础，但由于成熟度概念涉及的内容较为宽泛，并没有统一可借鉴的评价指标体系，考虑到产业体系是复杂的巨系统，其成熟度的测量应涵盖经济、社会、生态等多个方面，如产业发展水平、发展条件完善程度、资源利用状况、生态环境等，因此本书又借鉴产业结构优化、海洋科技创新、生态经济学等理论，认为现代海洋产业体系应注重整体性、系统性发展。在明确现代海洋产业体系成熟度实质内涵的基础上，本书提出以下三个分维度对其成熟度进行测度研究（表7-1）。

（1）发展条件支持度。发展条件包括基础设施、创新能力、法制环境。基础设施建设和投入是海洋产业发展的先驱条件和基础；创新能力是传统海洋产业升级、产业结构优化的核心动力；法制环境是海洋经济得以有序进行的保障。

（2）经济系统发育度。经济系统包括总体规模、国际竞争力、结构比重及发展潜力。总体规模反映现代海洋产业发展的经济总量；国际竞争力是从国际贸易角度反映现代海洋产业在国际上的发展实力；结构比重反映现代海洋产业的结构优化状况；发展潜力是指一定时期内现代海洋产业发展水平的变化程度和增长实力。

（3）资源环境持续度。可持续性是现代海洋产业的重要特征，海洋环保建设是对环保投入和能力的衡量；海洋污染治理反映海洋产业发展过程中环境对海洋经济发展的响应状态；资源利用主要反映现代海洋产业对海洋资源开发利用的情况。

表 7-1　现代海洋产业体系成熟度指标体系及权重

评价目标	一级指标	权重	二级指标	权重	三级指标	权重
现代海洋产业体系成熟度 A	发展条件支持度 B_1	0.498 33	基础设施 C_1	0.231 53	沿海规模以上港口泊位个数 D_1	0.068 02
					星级饭店数量（座）D_2	0.061 44
					沿海规模以上港口码头长度（米）D_3	0.055 63
					油田生产井个数（口）D_4	0.046 44
			创新能力 C_2	0.148 87	海洋科研机构科技课题数量（项）D_5	0.055 86
					海洋科研人才吸引指数 D_6	0.048 30
					海洋科研机构数量（个）D_7	0.044 71
			法制环境 C_3	0.117 93	签发海域使用权证书数量（个）D_8	0.073 08
					确权海域面积（公顷）D_9	0.044 85
	经济系统发育度 B_2	0.266 25	总体规模 C_4	0.093 5	海洋产业总体规模 D_{10}	0.047 72
					现代海洋产业规模 D_{11}	0.045 78
			国际竞争力 C_5	0.089 83	国际旅游外汇收入（万美元）D_{12}	0.046 34
					海洋原油出口量（万吨）D_{13}	0.043 49
			结构比重 C_6	0.058 44	现代海洋第三产业比重 D_{14}	0.039 81
					现代海洋产业所占比重 D_{15}	0.018 64
					现代渔业发展活力 D_{16}	0.011 31
			发展潜力 C_7	0.024 47	现代海洋产业增长弹性系数 D_{17}	0.009 50
					现代海洋第三产业增长弹性系数 D_{18}	0.003 66
	资源环境持续度 B_3	0.235 42	海洋环保建设 C_8	0.092 63	海洋类型自然保护区建成数量（个）D_{19}	0.049 08
					海滨观测站 D_{20}	0.043 55
			海洋污染治理 C_9	0.073 97	工业固体废弃物综合利用量（万吨）D_{21}	0.065 23
					工业废水排放达标率 D_{22}	0.008 74
			资源利用 C_{10}	0.068 82	旅游资源利用率 D_{23}	0.048 14
					海水综合利用 D_{24}	0.020 64

第三节　现代海洋产业体系成熟度研究方法

一、指标权重确定

本书应用熵值法对指标进行赋权,计算方法及过程参见本书第四章第三节内容。

二、现代海洋产业体系成熟度测度方法

采用突变级数法测度现代海洋产业体系成熟度,计算方法及过程参见本书第四章第三节内容。

第四节　现代海洋产业体系成熟度研究结果

运用综合评价模型分别计算出沿海 11 个省(自治区、直辖市)2001～2012年现代海洋产业体系成熟度水平,得到现代海洋产业体系成熟度综合得分(表7-2)以及现代海洋产业体系各分维度得分。

表 7-2　现代海洋产业体系成熟度综合得分(2001～2012 年)

地区	2001 年	2002 年	2003 年	2004 年	2005 年	2006 年	2007 年	2008 年	2009 年	2010 年	2011 年	2012 年
天津	0.500 37	0.477 59	0.491 86	0.491 07	0.510 86	0.476 97	0.506 96	0.520 76	0.478 97	0.451 42	0.459 74	0.459 75
河北	0.343 31	0.322 04	0.333 48	0.352 73	0.350 35	0.449 24	0.412 93	0.414 19	0.439 42	0.429 43	0.464 23	0.440 68
辽宁	0.530 26	0.518 98	0.515 47	0.560 79	0.563 88	0.566 80	0.551 77	0.571 76	0.579 78	0.575 62	0.574 30	0.581 98
上海	0.599 91	0.588 52	0.582 41	0.580 99	0.563 29	0.562 11	0.564 33	0.608 71	0.573 66	0.577 54	0.566 43	0.566 46
江苏	0.451 29	0.471 79	0.499 25	0.505 11	0.479 72	0.493 58	0.483 63	0.505 96	0.476 97	0.491 20	0.493 07	0.461 28
浙江	0.542 03	0.566 55	0.599 81	0.620 06	0.604 31	0.577 93	0.576 69	0.623 20	0.612 49	0.585 30	0.595 18	0.579 83
福建	0.504 13	0.516 26	0.548 54	0.518 55	0.537 48	0.548 02	0.556 34	0.564 42	0.569 78	0.568 63	0.557 18	0.538 19
山东	0.691 78	0.701 44	0.701 84	0.680 54	0.659 73	0.679 30	0.683 58	0.705 58	0.683 74	0.680 62	0.678 46	0.685 74
广东	0.834 29	0.859 74	0.840 22	0.865 48	0.847 94	0.828 97	0.826 51	0.848 31	0.862 39	0.837 59	0.847 58	0.865 13

续表

地区	2001 年	2002 年	2003 年	2004 年	2005 年	2006 年	2007 年	2008 年	2009 年	2010 年	2011 年	2012 年
广西	0.232 71	0.235 52	0.290 63	0.222 19	0.234 31	0.255 22	0.258 50	0.217 12	0.311 30	0.349 96	0.373 33	0.337 38
海南	0.268 06	0.248 97	0.213 92	0.222 70	0.220 68	0.248 80	0.234 85	0.278 47	0.255 21	0.274 93	0.280 40	0.286 68
均值	0.499 83	0.500 67	0.510 68	0.510 93	0.506 60	0.516 94	0.514 19	0.532 59	0.531 25	0.529 29	0.535 45	0.527 55

一、整体成熟度趋势分析

根据成熟度得分，应用核密度估计绘出 2001～2012 年沿海 11 个省（自治区、直辖市）现代海洋产业体系成熟度分布图，图 7-1 中给出 2001 年、2006 年和 2012 年的核密度图，这三年的核密度图大致可以解释沿海 11 个省（自治区、直辖市）现代海洋产业体系成熟度的演进状况，其分布演进具有以下特征。

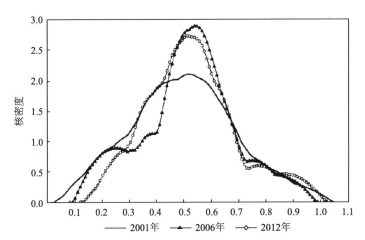

图 7-1　2001 年、2006 年、2012 年现代海洋产业体系成熟度的核密度分布

（1）从位置上看，图形左侧 3 个年份的密度函数起始值有明显向右移动的态势，说明成熟度水平极低地区数量正逐渐减少；图形右侧没有明显的变化趋势，说明成熟度水平较高地区发展增速放缓，也说明两极分化程度正逐渐降低，发展趋于均衡。

（2）从形状上看，2001 年波峰较和缓，且为单峰分布，2006 年波峰变化显著，呈现陡峭状，出现明显的两级分布态势，到 2012 年波峰有所下降，出现了多峰分布的态势，且波峰多出现在图形右侧，即高值区域。这反映成熟度发展经历了由单峰向多峰的演进过程，峰值中心逐渐右移，成熟度水平普遍提高，高值聚集地区逐渐增多，区域间差距仍然存在，但全国总体差距正逐渐减小。

（3）从峰值来看，2006 年两峰分布出现在较低值和中间值的区域，到 2012 年多峰分布出现在中间值和高值区域，且高值区域波峰逐渐下降，说明水平较高地区发展提速放缓，中间值有部分地区发展速度增快，逐渐进入较高值区域。虽然有多峰分布的趋势，最高峰相比 2006 年稍有回落，但最高峰仍然出现在中间值地区，说明发展水平逐渐提高，但整体水平偏低。

二、分维度时空格局演变分析

现代海洋产业体系成熟度包括总体成熟度及 3 个分维度成熟度状态，在地理空间上也表现出一定的规律性特征，根据成熟度划分标准及评价得分，得到表 7-3 所示结果。

表 7-3　现代海洋产业体系成熟度分维度时空演变类型划分

指标	2001 年					2012 年				
	初始期	起步期	发展期	近成熟期	成熟提升期	初始期	起步期	发展期	近成熟期	成熟提升期
现代海洋产业体系成熟度	广西	河北、海南	辽宁、天津、江苏、浙江、上海、福建	山东、广东	无	无	河北、广西、海南	辽宁、天津、江苏、浙江、山东、上海、福建		广东
发展条件支持度	海南	河北、广西	天津、江苏、浙江、上海、福建	辽宁、山东、广东	无	无	广西、海南	河北、天津、江苏、浙江、上海、福建	辽宁、山东	广东
经济系统发育度	广西、海南	辽宁、河北、江苏、福建	天津、山东、浙江	上海	广东	广西、海南	河北、江苏	辽宁、天津、山东、浙江、上海、福建		广东
资源环境持续度	广西	辽宁、天津、江苏	河北、上海、浙江、福建、海南	山东	广东	天津	辽宁、广西、海南	河北、江苏、浙江、上海、山东、福建		广东

（1）现代海洋产业体系总体成熟度。结合表 7-2 和表 7-3 可知，从全国层

面来看，我国现代海洋产业体系发展水平呈现波动式上升的趋势，全国均值得分证明我国现代海洋产业体系成熟度处于第三阶段，即发展期。从各省（自治区、直辖市）层面来看，区域间成熟度仍存在较大差距，但差距随时间演进有逐渐缩小的趋势。相比其他省（自治区、直辖市），山东、上海和天津成熟度得分稍有回落，但不改变原有的发展阶段；其他省（自治区、直辖市）成熟度得分普遍提高，整体提升显著，其中广西、广东实现了发展阶段的跨越，广西从2001年的初始期到2012年进入起步期阶段，广东从2001年的近成熟期2012年跨入成熟提升期阶段。2001年我国现代海洋产业体系成熟度分布包括初始期至近成熟期四个阶段，到2012年发展到起步期至成熟提升期四个阶段，整体成熟度上升一个阶段。

（2）发展条件支持度。由表7-3所知，2001~2012年，发展条件支持度差异在空间格局上有显著变化，全国整体水平逐渐提升。相比各省（自治区、直辖市），天津、上海、江苏、福建及山东发展条件支持度得分稍有回落，但不改变原有发展阶段；广东、河北和海南实现了发展阶段的跨越。到2012年，广东已进入成熟提升期，各项指标均位居前列。其科研机构密集，科研人才吸引力高，创新能力极为突出，基础设施建设与配备完善。山东和辽宁发展条件支持度处于近成熟期，到2012年山东得分有所回落，但不影响整体的领先地位。山东集聚大批涉海科研机构和院校，教育资源密集，创新能力突出，政策扶持较多，法制环境较为优越；辽宁省确权海域面积、使用权证书数均居于首位，法制环境极为优越，海洋科研机构数量较多，创新能力较为突出，但基础设施条件相对偏弱。处于发展期的省（自治区、直辖市）较多，包括天津、上海、江苏、浙江、福建及河北。其中天津发展条件得分回落较为显著，但未改变原有发展阶段。这种得分的降低不代表天津发展条件水平降低，而是相对其他省（自治区、直辖市）而言的降低，说明发展速度慢于其他省（自治区、直辖市）。河北发展条件改善显著，到2012年进入发展期，其基础设施改善较快，法制环境较为优越，但创新能力相对偏弱。广西和海南总体发展条件较弱。到2012年海南发展条件支持度刚刚进入起步期阶段，基础设施水平、创新能力均位于末位，法制环境仍有待提升；广西发展条件已经进入起步期的末期，基础设施建设水平提升较快。

（3）经济系统发育度。由表7-3可知，到2012年，经济系统发育度在空间上仍呈现五级分化趋势，各省（自治区、直辖市）发展差异较大。广东一直处于成熟提升期阶段,经济系统发育度呈现波动式发展,到 2012 年得分稍有回落,但不影响其阶段变化。广东现代海洋产业起步早,发展具有规模优势,国际旅游外汇收入最高,有较强的国际竞争力。上海处于近成熟期阶段,经济系统平稳发展。近年来上海滨海旅游业发展突出,国际竞争力优势显著,现代海洋产业增速快,产业结构优化水平很高。到 2012 年,辽宁和福建实现了发展阶段的跨越,进入发展期阶段。近年来辽宁积极打造现代海洋产业区,现代海洋产业比重逐渐增加,增长潜力较大;福建现代海洋产业发展具有一定的规模优势,其中滨海旅游业发展突出,有较强的国际竞争力,第三产业发展潜力较大。处于发展期的还包括山东、天津和浙江。山东科技实力雄厚,围绕蓝色半岛经济区,着力打造现代海洋产业体系,发展具有规模优势,但产业结构仍有待优化,缺乏国际竞争力;天津现代海洋产业体系逐渐完善,构筑包括现代渔业、海洋制造业、海洋服务业在内的现代海洋产业体系,发展潜力巨大;浙江海洋总体规模较大,现代海洋第二、第三产业比重较大,产业内部结构优化水平较高。江苏和河北处于起步期阶段,比较而言其产业规模较小,缺乏国际竞争力,但仍有一定发展潜力。广西和海南一直处于初始期阶段,经济系统发育度较低,现代海洋产业属于零星发展阶段,未形成规模经济,海南现代海洋第三产业比重较大,海洋第二产业只有海洋生物医药业有所发展;广西现代海洋产业结构不合理,国际竞争力位于 11 个省(自治区、直辖市)末位。

(4)资源环境持续度。由表 7-3 可知,到 2012 年资源环境持续度空间格局仍呈现五级分布的态势,但整体差距正逐渐缩小。广东得分最高,一直处于成熟提升期,其海洋产业起步早,对海洋环保建设的投入最多,资源利用情况良好。山东处于近成熟期阶段,近年来,山东海洋新能源利用逐渐规模化,风能年发电能力居沿海 11 个省(自治区、直辖市)首位,海洋环保建设也较为突出,已初步形成覆盖全省沿海的海洋环境监测预报网络。处于发展期的地区包括:福建、上海、浙江、江苏和河北,其中江苏资源环境持续度提升较快,到 2012 年进入发展期,实现了发展阶段的跨越。江苏注重海洋环保建设的投入,海洋生态监控区面积位居第二,风能资源利用状况较好;上海海洋生态监控区面积最大,但海水综合利用水平低;浙江海洋新能源蕴藏丰富,可开发潮汐能装机容量占全国的 40%、潮流能占全国的一半以上,海水利用业增加值位居第二;福建环保设施建设水平较高,但海洋新能源利用水平有待提高;河北资源环境持续度呈现先上升后下降的态势,但下降幅度较小,海洋污染治理水平提升较大，但海洋环保建设和资源利用水平都呈现相对下降的态势。辽宁、海南和广西处于起步期阶段，其中海南出现了发展阶段的退步，由发展期退为起步期阶段；广西实现了发展阶段的提升，由初始期进入起步期阶段。到2012年天津也出现了发展阶段的退步，由起步期退到初始期，退步程度最为显著。天津海洋生态环境恶化势头尚未遏制，渔业资源一度枯竭，可再生性能源利用状况不佳，资源利用指标处于落后水平，且海域开发条件较差，海洋环保建设投入水平较低。

第八章

中国海洋产业经济发展实证研究

第一节　中国海洋经济质量与规模的协调性研究

一、中国海洋经济质量与规模的协调性评价指标体系构建

1. 概念界定

海洋经济是指开发利用海洋资源形成的各类海洋产业以及与其相关的各种经济活动总称。海洋经济质量与规模同为衡量一个国家或地区海洋经济发展水平的重要标志。海洋经济质量是一个内涵丰富的综合性概念，是一个国家或地区海洋经济增长能力和运行效果的综合反映，具体含义包括海洋经济结构优化升级、科技更新换代、资源集约利用、生态环境的可持续性及其自身运行的稳定等。而海洋经济规模则是一个从数量上反映海洋经济发展状况的概念，通常采用海洋产业总产值或海洋产业总产值在地区经济生产总值中的比例等单一指标表示。海洋经济规模与质量在相互作用的协调发展中，共同推进了海洋经济发展水平的提升。一方面，海洋经济规模扩大为海洋经济质量提升奠定了坚实的物质基础；另一方面，海洋经济质量的提升也为规模的扩张提供了具体方向与高新技术驱动力的支持，只有当经济质量迅速提高到一定程度，海洋经济发展活力才能逐渐被激发，且二者间协调化水平直接影响其健康化程度。若海洋经济发展质量优于发展规模，则会造成基础设施和海洋资源的闲置浪费，降低海洋经济发展速度；反之，则会造成海洋资源紧张、环境恶化等问题，制约其发展水平的提升。只有二者协调发展才能不断促进海洋经济提质增效、实现可持续发展。

2. 评价指标体系

海洋经济发展的研究视角具有多元化的性质，主要从经济学、地理学、生态学的角度，在对海洋经济质量和规模概念界定的基础上，依据新经济增长理论、可持续发展理论、产业结构优化理论，遵循系统性、科学性、有效性、可操作性、目标导向等原则，将指标体系分为总体层、系统层、维度层、指标层四个层次（表 8-1）。评价指标体系具体包括：①结构优度。该维度层从总体上反映出海洋经济发展水平，是衡量海洋经济"质"的主要方面。现代海洋产

业贡献度、海洋产业结构熵、海洋第三产业增长弹性系数、海洋产业结构高度化指数等分别从现代海洋产业发展现状、海洋产业发展所处阶段以及各产业之间协调关系等方面表征海洋经济结构优化程度，进而反映出海洋经济质量状况。②科技支撑。科技支撑条件是海洋经济质量提升的重要驱动力。该维度层主要从海洋科技发展要素、科技产出要素和科技贡献要素等方面来反映海洋科技研究与发展条件状况。③资源利用。该维度层是海洋经济质量变动的重要表征。海洋产业岸线经济密度、海域集约利用指数、旅游资源利用率、现代海洋渔业资源生态位（宽度）、海洋新能源利用等分别代表海洋岸线经济产出、海域资源集约开发利用等方面的向好发展程度，反映海洋经济质量的提升，进而体现地区海洋经济综合实力的变化。④生态环境。海洋生态环境保护是提升海洋经济质量、促进可持续发展的重要保障。该维度层中海洋环保工程建设力度、海洋污染治理强度等方面的提升为海洋经济转向质量效益型发展模式提供了重要条件。⑤总体规模。该维度层从总体上反映出海洋经济发展状况，是衡量海洋经济"量"的主要方面。海洋经济增加值是规模扩大的数字化表现，表征海洋经济总量增减的发展趋势。

表 8-1　海洋经济质量与规模评价指标体系

总体层	系统层	维度层	指标层	指标解释及计算
海洋经济质量与规模的协调性	海洋经济发展质量	结构优度	现代海洋产业贡献度	现代海洋产业增加值/地区 GDP
			海洋产业结构熵	$E_i = \sum w_{it} \ln(1/w_{it})^*$
			海洋第三产业增长弹性系数	海洋第三产业增长率/海洋产业 GDP 增长率
			海洋产业结构高度化指数	$H = \sum_{i=1}^{3} k_i h_i^{**}$
		科技支撑	涉海科技人员素质	海洋科研机构科技人员研究生以上学历比例
			海洋科研机构密度	地区海洋科研机构数占全国的比例
			海洋科技成果应用率	海洋科研机构成果应用课题比例
			涉海就业专业化指数	海洋科研机构专业技术人员占涉海从业人员的比例
		资源利用	海洋产业岸线经济密度	海洋产业总产值/岸线长度
			海域集约利用指数	海洋产业产值/确权海域面积
			旅游资源利用率	滨海旅游人数/各地区旅游景点个数
			现代海洋渔业资源生态位（宽度）	$W = (S + A_i P)/\sum (S_i + A_i P)^{***}$
			海洋新能源利用	海洋电力业及海水利用业增加值

续表

总体层	系统层	维度层	指标层	指标解释及计算
海洋经济质量与规模的协调性	海洋经济发展质量	生态环境	沿海海滨观测台站分布数量	从2002~2013年《中国海洋统计年鉴》中获得
			海洋类型自然保护区建成数量	从2002~2013年《中国海洋统计年鉴》中获得
			工业废水排放达标率	从2002~2013年《中国海洋统计年鉴》中获得
			工业固体废弃物综合利用率	从2002~2013年《中国海洋统计年鉴》中获得
	海洋经济发展规模	总体规模	海洋产业总产值	从2002~2013年《中国海洋统计年鉴》中获得
			海洋经济增加值	本期海洋产业总产值−基期海洋产业总产值

* w_{it} 为 t 期第 i 产业产值占海洋产业产值的比重

** k_i 为第 i 个海洋产业的产值在海洋产业总产值中的比重；h_i 为第 i 个产业的产业高度值，根据产业高度对其赋值，为1、2、3

*** S_i 表示 i 类海洋渔业资源生态元数量态，即海洋捕捞和海水养殖的产量；S 表示现代渔业资源生态元总数量态；P_i 表示 i 类海洋渔业资源生态元数量势，即海洋捕捞和海水养殖产量的增长率；P 表示现代海洋渔业资源生态元总数量势；A_i 为量纲转换系数

二、中国海洋经济质量与规模的协调性研究方法

1. 综合权重计算

指标权重确定方法主要有主观赋权法和客观赋权法。为使数据权重能够客观、真实、有效地反映其所带来的信息，将采取主观赋权法（如 AHP）和客观赋权法（如 EVM）结合使用。计算方法与过程参见本书第四章第四节内容。

2. 测度方法

采用线性加权和法对海洋经济发展质量与规模协调性进行研究。线性加权和法是一种综合评价方法，主要将研究对象具体指标的贡献通过一系列集成的方式得到最终评价结果。计算方法与过程参见本书第四章第四节内容。

3. 象限图分类识别方法

计算方法及过程参见本书第四章第四节内容。

三、中国海洋经济质量与规模的协调性研究结果

1. 海洋经济质量评价

中国沿海省（自治区、直辖市）海洋经济质量整体处于一种波浪式状态，波动幅度较小，上升趋势不明显，其中广东、上海海洋经济质量较高，山东、天津、福建、浙江、江苏、辽宁海洋经济质量位居中等水平，河北、海南、广西海洋经济质量较低（图 8-1）。广东、上海凭借优越的海洋经济区位、丰富的海洋资源和强大的科研力量，海洋经济质量一直遥遥领先。山东、天津位居环渤海经济圈，分别作为环渤海地区和黄河流域经济发展的龙头，山东随着科研实力的增强和蓝色经济区的建立，经济质量自 2005 年后缓慢提升，天津海洋经济密度较大、科研机构密集使得海洋经济发展集约程度较高，其发展质量紧随山东之后。福建、浙江、江苏 2001～2012 年海洋经济质量发展水平相当，辽宁 2001～2010 年呈现出小幅度波动上升趋势，2010 年以后随着生态环境压力增大、同质产业竞争加剧，其海洋经济质量不断下滑。河北、海南、广西海洋经济质量一直处于沿海省（自治区、直辖市）的末端。广西 2001～2005 年海洋经济一直处于下降态势，随着 2006 年北部湾经济区成立，发展机会的增多与其自身科技水平和产业结构的提升，海洋经济发展质量开始逐步提升，但总体水平仍居于末位。

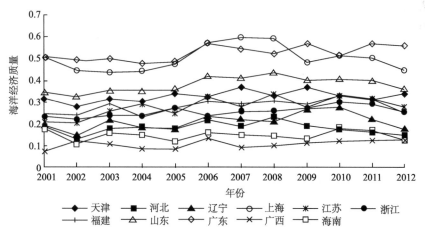

图 8-1 中国沿海 11 个省（自治区、直辖市）海洋经济质量动态变化

2. 海洋经济规模评价

2001～2006 年中国沿海省（自治区、直辖市）海洋经济规模波动较大，2007

年以后伴随较小波动出现一定的增长态势，但区域间差距却呈现扩大趋势（图8-2）。其中广东的海洋经济规模在发展中存在小幅度波动，但一直处于第1位。山东、上海由 2001 年的第 4、第 6 位分别跃居 2012 年的第 2、第 3 位，发展中二者波动幅度最大。福建、浙江、天津、辽宁 2006 年以前规模差距和波动幅度较大，近年来随着海洋科技的发展和各地政府的重视与管理的增强，海洋经济逐步平稳发展，差距由 0.069 缩小为 0.017，但与广东、上海、山东 3 个地区的平均差距却由 0.028 扩大为 0.066。2001 年以来，江苏随着海洋管理体制不断完善、科技创新持续加强、产业结构日趋合理，其海洋经济规模呈明显上升趋势。河北、海南、广西海洋经济规模虽有小幅度上升趋势，但总量仍较小。

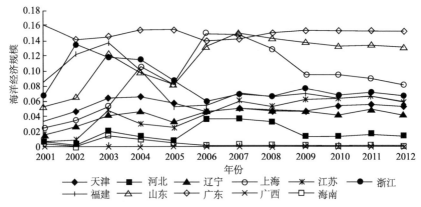

图 8-2　中国沿海 11 个省（自治区、直辖市）海洋经济规模动态变化

3. 海洋经济质量与规模的协调发展评价

根据综合权重，运用象限图分类识别方法，分别计算出中国沿海 11 个省（自治区、直辖市）及全国沿海地区海洋经济质量与规模关系类型在 2001～2012 年的变动状况（表 8-2）。

表 8-2　中国沿海 11 个省（自治区、直辖市）海洋经济质量与规模的关系

地区	2001 年	2002 年	2003 年	2004 年	2005 年	2006 年	2007 年	2008 年	2009 年	2010 年	2011 年	2012 年
天津	IIAc	IIAc	IIAc	IIAc	IIAc	IIAc	IIAb	IIAb	IIAb	IIIAc	IIAb	IIAb
河北	IIIB	IIIB	IIIB	IIIAc	IIIAc	IIICc	IIICc	IIIB	IIIAc	IIIAc	IIIB	IIIB
辽宁	IIIB	IIICc	IIIB	IIICc	IIICc	IIICc	IIICc	IIICc	IIIB	IIIAc	IIICc	IIICc
上海	IIAa	IIAa	IIAa	IIAb	IIAb	IB	IAc	IAb	IAb	IAb	IAb	IAb
江苏	IIAc	IIAc	IIAc	IIAb	IIAc	IIIAc	IIIB	IIIAc	IIICc	IIB	IIB	IICc
浙江	IIICb	IICa	IIICb	IIICb	IIICb	IIICb	IIICc	IIICc	IICc	IIB	IIB	IIICc

续表

地区	2001年	2002年	2003年	2004年	2005年	2006年	2007年	2008年	2009年	2010年	2011年	2012年
福建	IICb	IICb	IICb	IICb	IIIB	IIIB	IIICc	IIIB	IICc	IIB	IIB	IIICc
山东	IIAc	IIAc	IICc	IIAc	IIB	IICb	IICb	ICb	IICb	IICb	IICb	IICb
广东	ICb	IAc	IAc	IAc	IB	ICb	IAc	ICc	IAc	ICc	IB	IAc
广西	IIICb	IIIB	IIICc	IIICc	IIICc	IIIB	IIIB	IIICc	IIICc	IIICc	IIIB	IIIAc
海南	IIIAc	IIICc	IIIB	IIIAc	IIICc	IIIAc	IIIAc	IIIAc	IIIB	IIIAc	IIIAc	IIIAc
全国沿海地区	IIIB	IIIB	IIICb	IIIB	IIICc	IIIB	IIIB	IIIB	IIICc	IIIB	IIIB	IIIB

注：I、II、III分别表示海洋经济发展高水平、中等水平、低水平；A、B、C分别表示海洋经济质量超前、海洋经济质量与规模基本协调、海洋经济质量滞后；a、b、c分别表示严重偏离、中度偏离、轻度偏离

1）海洋经济质量与规模关系类型时间演变分异

中国沿海省（自治区、直辖市）海洋经济质量与规模协调发展的年份较少，失调的年份占多数，2001～2012年144个指标样本总量中，只有38个处于协调发展状态（表8-2）。2006年以前，天津、河北、辽宁、山东、广西、海南等海洋经济质量与规模多以低水平的轻度质量超前型为主，而上海、浙江、江苏、福建、广东等多以中、高水平状况下中等程度质量滞后型为主；2007年以来，辽宁、河北、天津、山东等海洋经济质量与规模发展关系变化较小，浙江、上海、江苏、福建、广东、广西等省则转变为多以中等水平状况下轻微的质量滞后型为主。由中国沿海海洋经济发展状况演变趋势可见，中国沿海省（自治区、直辖市）海洋经济发展水平和质量与规模间协调关系是随着时间变化分别由低水平向高水平、由海洋经济质量轻度超前型与规模基本协调型向海洋经济质量轻度滞后型转变。整体而言，中国沿海海洋经济质量与规模的发展多处于低水平状况下的基本协调状态，仅在2003年、2005年、2009年呈现出中、轻度的质量滞后型发展状态，且存在转向质量超前型的发展态势。然而，在当前世界海洋经济迅猛发展的状况下，与国际沿海海洋经济发达国家相比，中国沿海海洋经济发展在质与量方面仍存在较大差距。

2）海洋经济质量与规模协调发展空间分异格局

中国沿海省（自治区、直辖市）海洋经济质量与规模之间的协调发展关系在空间分布上存在明显差异，主要选取表8-2中2001年、2007年、2012年对其空间分异格局进行分析。2001年中国沿海省（自治区、直辖市）海洋经济发展质量与规模的关系主要呈现出以下特点：河北、辽宁海洋经济发展处于低水平状况下的基本协调状态，天津、山东则处于中等发展水平状况下轻度质量超

前型状态，浙江、广西处于低等发展水平状况下中等程度的质量滞后型，而上海与江苏则分别处于中等水平状况下中等程度的质量超前型与低等水平状况下轻度质量超前型，广东、海南则分别处于高水平状况下中等程度的质量滞后型与低等水平状况下轻度质量超前型，总体来看，海洋经济质量超前型地区数量高于海洋经济质量滞后型。由于沿海地区海洋经济发展条件差异较大，资源禀赋、科技发展水平、政策条件不同，海洋经济发展水平参差不齐。至2007年，江苏、广西海洋经济发展处于低水平状况下的基本协调状态；河北、辽宁、浙江、福建处于低等水平状况下轻度质量滞后型状态；天津、山东和上海分别转变为低等水平状况下中等程度的质量超前型、中等水平状况下中等程度的质量滞后型与高等水平状况下轻度质量超前型，而广东则转变为中等水平状况下轻度质量超前型；海南变化较小，整体呈现出海洋经济质量滞后型的地区数量略高于海洋经济质量超前型。

随着科技水平的提高、政府管理机制的完善以及对海洋开发力度的加大，海洋经济发展逐渐受到重视，发展速度提升较快，沿海各地区海洋经济质量与规模发展关系逐渐呈现规模超前的态势。到2012年已有半数地区海洋经济发展达到中等水平或高水平，海洋经济质量滞后型与质量超前型地区数量基本持平。其中，辽宁、江苏、浙江、福建在经过质量与规模协调型发展状态之后，逐渐转变为轻度质量滞后型。上海逐渐演变为中等程度的海洋经济质量超前型，广东由中等程度的海洋经济质量滞后型转变为轻度海洋经济质量超前型，山东与此相反。整体而言，其在空间格局中呈现以下分异特征：广东、广西、海南处于海洋经济质量轻度超前状态，江苏、浙江、福建属于海洋经济质量轻度滞后型，而辽宁属于经济质量轻度滞后型。上海和天津基本处于海洋经济质量超前型中度偏离状态，山东与河北分别属于海洋经济质量滞后中度偏离与基本协调状态。

纵观中国沿海各省（自治区、直辖市）海洋经济发展状况，其发展变化主要由以下原因导致：广东、上海、山东海洋经济发展基础雄厚，三个地区强大的科研实力、完善的海洋产业结构、广阔的经济腹地奠定了其海洋经济发展在全国的主导地位；辽宁、江苏、浙江、福建随着科技实力逐步增强、管理体制不断完善、海洋资源深度开发利用，海洋经济整体发展向好，海洋经济规模发展的速度稍快于质量，使其海洋经济发展水平处于中等且呈现较小程度的质量滞后型。

广西、海南分别处于西南边陲和南海地带，海洋资源禀赋较高、海洋产业构成基本完善，但由于经济基础较差、人口较少、科技力量较弱及海洋管理体制机制缺失，其海洋经济发展一直徘徊在低等水平，表现出轻微的质量超前状态。因而，在新常态时期，随着海洋经济发展提质增效要求的郑重提出、经济发展方式的快速转变与海洋经济集约化发展程度的增强，海洋经济发展应逐步调整方向，在保持规模稳固扩张的前提下不断提升发展效益，极力推动其向中、高级水平状况下的协调状态转型发展。

3）海洋经济质量与规模协调发展对策

综合考虑 11 个沿海省（自治区、直辖市）海洋经济质量与规模的关系类型和空间格局演变，采取积极的措施优化二者协调关系是新常态下提升海洋经济整体发展水平的关键。

（1）对于海洋经济质量与规模发展基本处于协调状态类型的省（自治区、直辖市），如河北，应在海洋经济规模不断扩张基础之上，着力提升其海洋经济质量发展水平，以推进质量与规模协调程度的高水平发展。

（2）对于沿海海洋经济质量发展超前型的省（自治区、直辖市），如天津、上海、广东、广西、海南等，应在保持海洋经济发展质量不断提升的基础上，充分发挥各地区优势，推动海洋经济规模发展，促使二者达到高水平条件下的协调状态。因而，广东、上海应充分发挥海洋经济基础雄厚与科研综合实力强大的优势，重点发展包括海洋油气业、现代海洋渔业等传统优势产业，以及海洋现代服务业及海洋高新技术产业在内的现代海洋产业集群，带动海洋经济规模扩张，协调其与质量超前的关系；天津海岸线较短、科技水平较高，海洋经济发展集约度较大，在海洋经济质量提升较快的前提下，应充分利用各港口优势并借助"京津冀一体化"战略，扩大现代临港产业与先进装备制造业规模。广西、海南旅游资源丰富，但属于海洋经济欠发达地区，未来应注重产业发展多元化，逐步改变传统旅游业独立支撑局面，重点开发附加值较高的海洋新材料与清洁能源，建立资源开发与服务基地，并大力发展现代海洋服务业，以促进海洋经济质量与规模协调发展。

（3）对于沿海海洋经济质量发展滞后型的省（自治区、直辖市），如辽宁、江苏、浙江、福建、山东等，应在海洋经济规模保持稳固增长的基础之上，着力提升海洋经济发展质量以推动海洋经济发展，快速实现提质增效。因而，山东、辽宁、江苏、浙江、福建在发展中应重点关注其质量提升。山东、浙江海洋经济总量较大，涉海经济科研机构密集，但科技成果转化率较低，传统产业发展较为粗放，应不断提升科技成果转化率与应用率，大力发展战略性高新技术产业，如海洋生物医药业、海水淡化等。在促进传统产业结构优化升级的同时，不断推进现代海洋产业集群化程度。辽宁、江苏海洋资源丰富，传统产业规模较大，应不断加强科技创新，提升科技水平，优化产业结构。辽宁应积极扶持现代渔业发展，逐步向规模化、集约化方向发展，江苏凭借较大的科研投入应重点发展海水淡化与综合利用产业、海洋观测与探测装备产业、海洋工程配套装备与设备产业等新兴产业。福建应积极利用海峡蓝色经济试验区的优势，逐步提升传统渔业经济质量发展水平，加大科研力度，积极扶持现代海洋园区建设。新常态下，应更加注重质量提升，不断深化其转型发展，提升我国海洋经济的国际竞争力。

第二节　我国海洋经济系统稳定性研究

一、海洋经济系统稳定性评价指标体系构建

1. 海洋经济系统稳定性内涵

海洋经济系统是由相互作用、相互依赖的各海洋产业组成的具有特定功能的有机整体。海洋经济系统的稳定性不仅反映为海洋经济系统受扰动后的调整能力，同时体现在系统抵抗脆弱性保持稳定或寻求新的稳定状态能力方面。海洋经济系统稳定性是指海洋经济在受到内部结构调整和外部环境变化的扰动下，自身维持或寻求新的稳定状态的能力。这种能力既包括系统在实际扰动下的抵抗和恢复能力，也包括系统对可能发生的扰动影响的预警和维稳潜力。海洋经济系统相对陆地经济系统来说，其系统稳定性波动更为明显。系统在内部结构调整、国际经济周期、外来技术冲击的扰动下具有稳定性对于中国海洋经济可持续发展影响重大。

2. 评价指标体系的构建

在一般系统论中，稳定性是理论上讨论干扰对系统影响的一个基本概念，它是系统受最小作用原理支配的反抗干扰的力量。麦卡恩（M. C. Cann）认为

生态学研究中稳定性有两种内涵，一种是指生态系统的动态稳定性，另一种是指系统对抗干扰具有的系统变化的能力，包括抵抗力和恢复力两个方面。其中，抵抗力是指系统对抗干扰并维持原来状态不变的能力，恢复力是指系统受到干扰之后恢复到原有状态的能力。这一定义也提供了稳定性测度，即抵抗力和恢复力。海洋经济系统作为一个复杂开放的系统，其是否稳定性的表现就是系统对干扰的响应程度，响应主要体现在两个方面：一是系统对干扰的抵抗力、持久性；二是系统恢复到干扰前状态或寻求新的稳定状态的恢复力、弹性。因此，本书从海洋经济系统的抵抗力和恢复力两个方面评价海洋经济系统的稳定性。

（1）抵抗力是指系统维持在相对稳定状态的能力。由经济发展水平低、人力资源和基础设施供应支撑不足、海洋资源过度开发利用形成的压力是海洋经济不能保持稳定发展状态的主要原因。具体包括：①经济发展。反映海洋经济的发展水平，经济增加值是经济规模扩大的数字化表现，经济发展的水平直接影响系统承受扰动的抵抗力。用海洋投资效果系数、海岸线经济密度、海洋经济增长率三个指标来表征地区海洋经济的资金利用效果和海洋经济的发展趋势。②人力资源。经济增长单纯依靠劳动力的大量投入是不可持续的，也是不稳定的。人力资源，特别是专业化的人力资源在充分利用资源要素、产生递增收益、使总的规模收益稳定增加方面发挥着越来越大的作用。人力资源越丰富，素质越高，相应的系统抵抗力越强。本书用涉海就业比例和涉海就业结构专业化指数两个指标分别表征人力资源的数量和质量。③基础设施。各地区为发展海洋经济提供的服务设施建设水平越高，对海洋经济系统稳定发展的保障能力越强。海洋第三产业表现得尤为明显，基础设施的配套状况对于海洋交通运输业、滨海旅游业的发展规模和发展空间影响重大。本书选取生产用码头泊位数、星级饭店数、海滨观测台分布数来定量体现港口吞吐能力、旅游接待能力、灾害预测能力等方面的基础设施和配套体系支撑状况。④自然资源。优越的资源条件是海洋经济系统抵抗扰动的重要支撑，然而资源条件一旦弱化则会在一定程度上导致系统脆弱性的凸显。其中，海洋生物资源、矿产资源在经济发展过程中开发利用较多，更容易遭到破坏。新能源的开发利用能力则反映自然资源可持续利用的发展潜力。本书选取海洋矿产资源标准量、现代海洋渔业资源生态位（宽度）、海洋新能源利用来体现矿产资源、生物资源及新能源的开发利用现状。

（2）恢复力是指系统寻求并达到新的稳定状态的能力，同时反映为系统恢复稳定的潜力。海洋经济系统在受到内外部扰动脱离稳定状态后，能否尽快恢复稳定，达到新的稳定状态取决于系统的发展弹性。合理、优化的产业结构是拓宽系统弹性发展宽度的先决条件；科技成果的转化与应用、教育水平的提高在地区恢复稳定过程中发挥着重要作用；高效的资源利用和良好的生态环境拓展了系统弹性的可持续发展空间。具体包括：①科技教育。科学技术可以提高投资的收益，具有递增的边际生产率，在减少扰动造成的损失、增强政策的执行能力、恢复经济稳定方面具有极大作用。教育是科学技术发展的重要条件，是科技进步的推动力，反映系统恢复稳定的潜力。海洋科学技术条件发展要素是形成和表征一个地区海洋研究、开发和孵化能力的物质基础和条件。本书选取了科研机构密度、海洋科技成果应用率、涉海科技人员素质来分别反映系统海洋科技的发展要素和产出要素，以及涉海科技人员的受教育程度。②产业结构。该指标直接反映海洋经济系统中各产业的构成、联系和比例关系，是从质的角度对海洋经济系统的描述，优化的产业结构能够有效地利用各种资源和有利因素促进经济长远稳定发展。本书选取海洋第二、第三产业贡献度和海洋产业结构高级化指数反映产业结构的发育和优化程度。③资源效率。海洋经济系统是否能快速恢复稳定状态与资源能否高效利用密不可分。本书选取亿元海洋生产总值用水量来表征海洋经济系统恢复稳定的资源利用效率。④生态环境。生态环境的可持续发展能力是海洋经济系统维持稳定发展的重要特征，海洋生态环境一旦遭到不可逆转的破坏，海洋经济系统也将失去稳定发展的基础和条件。本书用污染治理项目数、海洋类型自然保护区建成数量分别表征海洋经济系统环境治理恢复水平和生态保护水平（表8-3）。

表8-3 海洋产业系统稳定性评价指标体系

目标层 A	系统层 B	要素层 C	指标层 D	指标解释及计算
海洋产业系统稳定性 A	抵抗力 B_1	经济发展 C_1	海洋投资效果系数 D_1	海洋生产总值增加值/上年固定资产投资额
			海岸线经济密度 D_2	海洋生产总值/岸线长度
			海洋经济增长率 D_3	本期海洋经济增长值/基期海洋经济总值
		人力资源 C_2	涉海就业比例 D_4	涉海就业人数/地区就业人数
			涉海就业结构专业化指数 D_5	科研机构从业人员/涉海就业人数

续表

目标层 A	系统层 B	要素层 C	指标层 D	指标解释及计算
海洋产业系统稳定性 A	抵抗力 B_1	基础设施 C_3	生产用码头泊位数 D_6	从2002~2014年《中国海洋统计年鉴》中获得
			星级饭店数 D_7	从2002~2014年《中国海洋统计年鉴》中获得
			海滨观测台分布数 D_8	从2002~2014年《中国海洋统计年鉴》中获得
		自然资源 C_4	海洋矿产资源标准量 D_9	具体说明见公式①
			现代海洋渔业资源生态位（宽度）D_{10}	具体说明见公式②
			海洋新能源利用 D_{11}	具体说明见公式③
	恢复力 B_2	科技教育 C_5	科研机构密度 D_{12}	地区海洋科研机构数/全国海洋科研机构总数
			海洋科技成果应用率 D_{13}	海洋科研机构成果应用课题比例
			涉海科技人员素质 D_{14}	海洋科研机构科技人员研究生以上学历比例
		产业结构 C_6	海洋第二、第三产业贡献度 D_{15}	具体说明见公式④
			海洋产业结构高度化指数 D_{16}	具体说明见公式⑤
		资源效率 C_7	亿元海洋生产总值用水量 D_{17}^*	沿海地区供水量/地区海洋生产总值
		生态环境 C_8	污染治理项目数 D_{18}	从2002~2014年《中国海洋统计年鉴》中获得
			海洋类型自然保护区建成数量 D_{19}	从2002~2014年《中国海洋统计年鉴》中获得

注：公式① $E_i \sum w_i p_i$ ，式中， $i = 1,2,3,4$ ，分别表示海洋原油、原盐、海洋天然气和海洋砂矿产量； p_i 为标准化处理后的数据； w_i 为权重

公式② $W = (S + A_i P) / \sum_{i=1}^{n}(S_i + A_i P_i)$ ，式中， S_i 为 i 类海洋渔业资源生态元数量态，即海洋捕捞和海水养殖的产量； S 为现代渔业资源生态元总数量态； P_i 为 i 类海洋渔业资源生态元数量势，即海洋捕捞和海水养殖产量的增长率； P 为现代海洋渔业资源生态元总数量势； A_i 为量纲转换系数

公式③鉴于新能源利用目前的统计状况，数据采用目前技术相对成熟的海洋电力业及海水利用业领域的数值，通过增加值表现地区海洋新能源的开发利用现状和能力

公式④指第二、第三产业对整个海洋经济增长的推动作用，用海洋第二产业增加值与海洋 GDP 的比值与海洋第三产业增加值与海洋 GDP 的比值的和表示，比值越大，贡献度越大，海洋经济系统恢复力越强

公式⑤ $H = \sum_{i=1}^{3} k_i h_i$ ，式中， H 为海洋产业结构高度化指数； k_i 为第 i 个产业的产值占海洋产业总产值比例； h_i 为第 i 个产业的产业高度值；根据产业高度对其赋值为1、2、3，标志着海洋经济发展水平的高低和发展阶段、方向

*表示负功效指标，其余均为正功效指标

二、海洋经济系统稳定性研究方法

1. 确定指标权重

选用灰色关联度对指标权重进行测算，灰色关联分析方法为一个系统的发展变化态势提供了量化的度量，非常适合动态历程分析。计算方法及过程参见本书第四章第五节内容。

2. 综合评估分析模型

以海洋经济系统稳定性的评估体系和基础数据为基础，采用灰色关联度对不同层级的指标数据进行权系数赋值，采用模糊隶属度函数方法构建 ICEM 模型，求出海洋经济系统稳定性的标准化数据、指标权系数和指标的模糊隶属度函数值，进而计算海洋经济系统稳定性指数并给出优先顺序。计算方法及过程参见本书第四章第五节内容。

3. 海洋经济系统稳定性指数评判模型

该模型主要用于计算海洋经济系统稳定性 U，根据计算结果进行判断。海洋经济系统稳定性指数由抵抗力 U_1 和恢复力 U_2 组成，计算公式为

$$U = \sum_{i=1}^{m} \alpha_i U_{ij} = \alpha_1 U_1 + \alpha_2 U_2 = \alpha_1 \sum_{j=1}^{n} \beta_j U_{ij} + \alpha_2 \sum_{j=1}^{n} \gamma_j U_{ij} \qquad (8\text{-}1)$$

式中，U_1、U_2 分别为抵抗力指数和恢复力指数；α_1、α_2 分别代表抵抗力和恢复力对海洋经济系统稳定性的贡献系数；$i = 2$，$j = 4$；β_1、β_2、β_3、β_4 分别代表经济发展、人力资源、基础设施和自然资源对海洋经济系统稳定性的贡献系数；γ_1、γ_2、γ_3、γ_4 分别代表科技教育、产业结构、资源效率和生态环境对海洋经济系统稳定性的贡献系数。

三、海洋经济系统稳定性研究结果

1. 海洋经济系统稳定性时间差异分析

中国海洋经济系统稳定性指数在 2001～2013 年变化幅度较小。2001～2013

年，各地区的稳定性指数出现明显波动，但从中国海洋经济系统整体来看，13年间稳定性增长幅度较小。如图 8-3 所示，中国海洋经济系统稳定性指数的平均值从 2001 年的 5.33 到 2013 年的 6.05，13 年间增长了 0.72，涨幅约 13.5%。其中，稳定性指数波动主要出现在 2003～2004 年和 2009～2011 年。2003 年由于受"非典"影响，全国各地经济受到重创，海洋经济也不例外，绝大部分沿海地区的稳定性指数在这一时期均存在不同程度的下降；受 2008 年全球性金融危机及其后续影响，海洋经济系统作为外向型系统受国际影响比内陆地区更为明显，各沿海地区在 2008 年之后的不同时间段内出现稳定性 V 形波动。其中，福建、江苏、海南在 2008 年稳定性指数出现不同程度的下降，广东、上海、河北在 2009 年稳定性指数出现下滑，山东、浙江、辽宁则是在 2010 年稳定性指数出现不同程度的下滑。从影响海洋经济系统稳定性的两个因素来看，系统的抵抗力变化趋势与稳定性变化趋势具有高度一致性，波动性的节点出现时间基本一致。恢复力变化趋势则更平缓，除 2003～2006 年出现弧度不大的 U 形变化外，2006 年之后系统的恢复能力没有明显变化，恢复力指数变化基本处于停滞状态。未来，在同时抓好抵抗力和恢复力两个方面的过程中应该更加注重系统恢复力的提升，以期恢复力在稳定性提高中发挥更大的贡献作用。

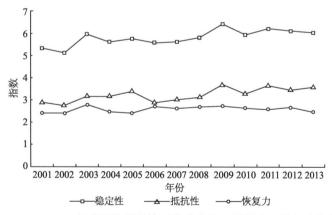

图 8-3　2001～2013 年中国海洋经济系统稳定性、抵抗力、恢复力指数变化

2. 海洋经济系统稳定性空间差异分析

中国海洋经济系统稳定性呈现整体分散、部分连片集中的分布特征（图 8-4）。各沿海地区海洋经济系统稳定性水平差异明显，稳定性指数最高的广东是稳定性指数最低的广西的近四倍，各层次稳定性区域交错分布。

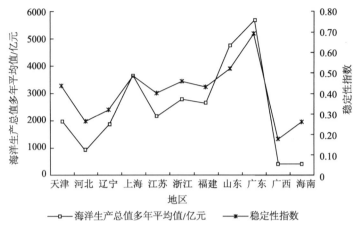

图 8-4 2001～2013 年中国海洋经济系统稳定性与海洋生产总值

（1）高度稳定。广东、山东两省分别以稳定性指数 0.69 和 0.52 位于中国沿海地区稳定性排名的前两位，成为中国沿海地区稳定性指数的南北两大龙头。其中，广东省以稳定性指数接近 0.70 的绝对优势始终保持在首位，13 年间稳定性指数的增长虽有波动但整体增幅较大，且始终处于领先位置。山东省各项稳定性影响因素均衡发展，多年稳定性指数稳定波动为 0.50～0.60。

（2）较高稳定。较高稳定区包括浙江和上海，两地位置毗邻，均属于中部沿海地区，稳定性指数分别为 0.46 和 0.48。其中，上海年际波动较大，但 13 年来的稳定性变化幅度较小。浙江省则是从 2006 年开始稳定性指数增幅明显加大，跃居沿海地区稳定性第二位，之后在稳定性排名第三、第四位之间波动。

（3）中度稳定。天津、福建和江苏属于中度稳定地区，南北不连续分布的三个地区稳定性指数为 0.40～0.45。与较高稳定的浙江、上海两地和较低稳定的辽宁、河北两地稳定性差距均较小，但年际的波动都较大，处于稳定性高值和低值地区之间的过渡地带。

（4）较低稳定。较低稳定区包括辽宁、河北两省，两地区均属于北部沿海地区。辽宁海洋经济系统稳定性整体水平不高，2001～2008 年稳定性指数变化不大，从 2009 年开始出现明显波动，但 13 年间整体稳定性指数保持在相对较低水平，稳定性增幅较小。河北年际系统稳定性起伏大，特别是在 2007～2011年稳定性指数出现明显的 U 形变化趋势，2011 年之后逐渐恢复增长。

（5）低度稳定。位于南部沿海地区的海南、广西两省（自治区）以 0.26 和0.17 的稳定性指数位于 11 个沿海地区的末尾，属于低度稳定区。海南稳定性指数 13 年间增幅不明显，广西则从 2011 年开始出现明显增幅，但两省（自治区）始终处于低度稳定水平。

3. 海洋经济系统稳定性与海洋产业发展水平相关关系

选取中国沿海 11 个省（自治区、直辖市）的海洋经济系统稳定性指数和海洋生产总值多年平均值，运用 SPSS19.0 软件中的斯皮尔曼相关系数对 2001～2013 年中国海洋经济系统稳定性和海洋经济发展水平进行相关性分析，得出结果，如表 8-4 所示。两个变量相关系数均大于 0.95，概率值小于 0.01，具有显著正向相关性。由计算结果可知，海洋经济越发达的地区其海洋经济系统稳定性指数越高；相反，海洋经济越落后的地区其海洋经济系统稳定性指数越低。如图 8-4 所示，海洋经济发展较快、规模较大的广东、山东、上海等地其海洋经济系统稳定性指数也相对较高；而海洋经济发展相对落后的河北、海南、广西三省（自治区）的稳定性指数则排名末位。由此可见，海洋经济系统稳定性与海洋经济发展水平呈现密切的正相关关系，二者相辅相成，良好的海洋经济发展水平是系统自身保持稳定性的重要依托，系统稳定是海洋经济高水平发展的保障。

表 8-4　2001～2013 年中国海洋经济系统稳定性与海洋生产总值相关性分析结果

项目	稳定性指数			海洋生产总值		
	相关系数	显著性水平	样本数	相关系数	显著性水平	样本数
稳定性指数	1.000	0.000	11	0.973[**]	0.000	11
海洋生产总值	0.973[**]	0.000	11	1.000	0.000	11

**在 0.01% 的统计水平上显著

4. 海洋经济系统稳定性的影响因素分析

纵观 2001～2013 年中国海洋经济系统稳定性的发展变化，整体变化幅度并不明显。对海洋经济系统进行稳定性分析，目的不仅在于对研究区域经济系统稳定性水平的动态评价，而且在于诊断影响系统稳定性的约束因子，以便有针对性地提高沿海地区的海洋经济系统稳定性，推进海洋经济可持续发展。为了进一步揭示阻碍经济系统稳定性发展的主要因素，引入障碍度诊断模型对沿海各地区海洋经济系统稳定性的障碍因子进行定量分析，公式如下

$$Z_{ij} = w_{ij} d_{ij} \Big/ \sum_{i=1}^{m} w_{ij} d_{ij} \qquad （8-2）$$

$$\bar{Z}_{ij} = \sum_{i=1}^{n} Z_{ij} / n \qquad (8\text{-}3)$$

式中，w_{ij} 第 j 个区域为第 i 项指标的权重值，d_{ij} 为第 j 个区域第 i 项指标的标准化值，Z_{ij} 为第 j 个区域第 i 个指标的障碍度，$\bar{Z}_{ij}$ 为第 i 个指标在 n（$n=13$）年中的平均障碍度。根据公式计算 2001～2013 年各沿海地区经济系统稳定性的障碍度并筛选出前五位的障碍性因子，最终得出各地区 13 年间海洋经济系统稳定性的主要障碍因素，如表 8-5 所示。

表 8-5　2001～2013 年中国海洋经济系统稳定性主要障碍因素

障碍度	天津	河北	辽宁	上海	江苏	浙江	福建	山东	广东	广西	海南
第一障碍度	D_2	D_{14}	D_{10}	D_2	D_{13}	D_{18}	D_4	D_{11}	D_{11}	D_{19}	D_4
第二障碍度	D_{19}	D_3	D_{12}	D_5	D_5	D_7	D_6	D_{13}	D_6	D_3	D_{17}
第三障碍度	D_5	D_{11}	D_{17}	D_{16}	D_{18}	D_6	D_8	D_{18}	D_9	D_{15}	D_1
第四障碍度	D_9	D_{15}	D_3	D_{10}	D_{15}	D_{11}	D_{17}	D_9	D_7	D_{10}	D_{16}
第五障碍度	D_3	D_1	D_8	D_{13}	D_{11}	D_9	D_{10}	D_{12}	D_8	D_1	D_{14}

　　结合表 8-3 和表 8-5 可知，在影响中国海洋经济系统稳定性的因素中，自然资源因素占障碍因子的 23.6%，说明我国海洋经济发展过程中对自然资源的利用效率有待提高，应加大新能源开发力度，促进海洋经济发展方式由粗放型向集约型转变；经济发展因素占障碍因子的 16.4%，因此应进一步提高海洋经济的规模和质量；基础设施占障碍因子的 14.5%，说明基础设施建设在海洋经济发展中的支撑作用尚未充分发挥；生态环境因素占障碍因子的 9.1%，这说明在海洋经济发展过程中，应更加注重生态环境的保护，提高海洋经济的可持续发展能力。此外，科技教育、人力资源和产业结构因素也是制约海洋经济系统稳定性水平提高的重要因素。中国海洋经济系统稳定性的影响因素在空间分异上存在较大差异，在未来的发展中应有所侧重。天津海洋经济发展应坚持经济增长效率和生态环境保护协调并举，吸纳海洋产业高素质人才，使人力资源的专业化水平成为天津海洋经济稳定发展的驱动力；河北省海洋经济发展过程中涉海科技人员素质、海洋经济发展的现状和结构对海洋经济系统稳定性的影响较大，应调整产业结构，逐步改善经济增长方式，提高科技在经济增长中的贡献度；影响辽宁省海洋经济系统稳定性的主要因素是其资源的过度开发利用，同时科技对海洋经济系统稳定性的驱动不足，海洋战略性新兴产业是其未来发

展的主要方向；上海海洋经济外向型特点突出，规模较大，应进一步在产业结构和涉海就业专业化结构上进行调整和优化；江苏省应提高科学技术在推动海洋经济发展中的比重，加大海洋产业高素质人才的培养力度；基础设施和自然资源是浙江和福建两省海洋经济系统稳定性的两大短板，应加大海洋经济发展相关基础设施建设的投入力度，同时还应特别注重环境保护和新能源的有效利用；山东省海洋经济系统稳定性水平高，但还存在科技成果利用和转化率低、新能源利用率不足的问题，应更加注重效率，提高海洋经济发展的质量；广东省海洋经济系统稳定性水平高且发展势头良好，应加大海洋相关产业基础设施的投资力度，同时更加关注新能源的开发和利用，以进一步巩固自身的优势地位；广西和海南两省（自治区）海洋经济系统稳定性水平与中国沿海其他省（自治区、直辖市）相比还存在较大差距，主要影响因素为海洋经济的规模和海洋产业结构水平，因此在今后的海洋经济发展过程中，应更加注重经济发展的质量和效率。

中国海洋产业空间关联与布局理论研究

第一节　中国海洋产业空间关联与布局模式

一、空间均衡性分析

1. 海洋产业发展差异的空间单元选择

在海洋经济关联研究中，基于不同的地理单元，研究得出的结论可能不尽相同，这主要是由于海洋经济发展差异在不同的空间层次所表现出的变化状况有着显著的差别。中国省域之间经济差异比较明显，但是每个省（自治区、直辖市）作为一个相对独立的单元，城市是其经济增长的基础层次，也是相对完整的基本空间单元，在经济行为的组织运行上具有省域无法替代的特色，表现出其特有的行为机制和运行规律。由于空间依赖性的存在，城市经济增长也会受到相邻城市经济增长的影响，但是因为每个省（自治区、直辖市）经济发展水平、地理特征等因素存在差异，每个省域内部城市经济增长之间的空间经济关联程度也不尽相同。

为研究我国海洋经济空间关联模式，本书使用 ArcGIS 分析评价衡量空间均衡性，将研究区域划分为两级空间单元进行研究。

首先，以省级行政区域为基本空间单元，以北部、中部和南部三大地带为较宏观的空间单元。其中，北部沿海经济区包括辽宁、河北、天津、山东四省，中部沿海经济区包括上海、江苏、浙江、福建四省（直辖市），南部沿海经济区包括广东、广西、海南三省（自治区）。

其次，以地级市为基本空间单元，研究对象包括我国沿海地区地级以上城市：天津、唐山、秦皇岛、沧州、大连、丹东、锦州、营口、盘锦、葫芦岛、青岛、东营、烟台、潍坊、威海、日照、滨州、上海、南通、连云港、盐城、杭州、宁波、温州、嘉兴、绍兴、舟山、台州、福州、厦门、莆田、泉州、漳州、宁德、广州、深圳、珠海、汕头、江门、湛江、茂名、惠州、汕尾、阳江、东莞、中山、潮州、揭阳、北海、防城港、钦州、海口、三亚。

2. 海洋产业发展空间均衡性分析

比较各沿海城市人均 GDP 数据得到表 9-1。

表 9-1 2011 年沿海城市人均 GDP　　　　（单位：万元）

北部沿海经济区		中部沿海经济区		南部沿海经济区	
城市	人均 GDP	城市	人均 GDP	城市	人均 GDP
天津	11.35	上海	13.52	广州	15.25
唐山	7.38	南通	5.33	深圳	41.18
秦皇岛	3.69	连云港	2.79	珠海	13.25
沧州	3.52	盐城	3.38	汕头	2.41
大连	10.45	杭州	10.09	江门	4.65
丹东	3.69	宁波	10.51	湛江	2.15
锦州	3.62	温州	4.28	茂名	2.29
营口	5.20	嘉兴	7.80	惠州	6.10
盘锦	8.54	绍兴	7.57	汕尾	1.59
葫芦岛	2.31	舟山	7.97	阳江	2.69
青岛	8.63	台州	4.69	东莞	25.62
东营	14.39	福州	5.75	中山	14.55
烟台	7.53	厦门	13.70	潮州	2.46
潍坊	4.04	莆田	3.22	揭阳	1.83
威海	8.32	泉州	6.19	北海	2.96
日照	4.20	漳州	3.69	防城港	4.53
滨州	4.77	宁德	2.74	钦州	1.65
—	—	—	—	海口	4.52
—	—	—	—	三亚	5.07

资料来源：《中国城市统计年鉴 2012》

　　根据各沿海城市人均 GDP 数据可将中国沿海城市分成三类。

　　I 类地区包括天津、深圳、东莞、广州、中山、东营、厦门、上海、珠海、宁波、大连、杭州、青岛。这类地区（尤其是广东和浙江，依托其油气资源和海洋渔业资源）为产业优势型海洋经济发展模式，其依托较好的海洋资源禀赋，大力发展优势产业，产业结构高级化程度较高，加之海洋基础设施状况较好，海洋科技水平较高，因此海洋经济产值较高，较好地发挥了自身资源和产业优势，海洋经济规模较大。

　　II 类地区包括盘锦、威海、舟山、嘉兴、绍兴、烟台、唐山、泉州、惠州、福州、南通、营口、三亚、滨州、台州、江门、防城港、海口、温州、日照、潍坊、秦皇岛、丹东、漳州、锦州、沧州、盐城、莆田。这类地区海洋经济规模较小，主要问题在于资源禀赋绝对优势并未发挥应有的作用，海洋产业高级化的程度也相应较低，究其原因，关键在于这类地区海洋科技水平不高，尚不能借助其海洋科技发展基础和已有的资源禀赋优势扩大海洋经济规模，因此发展受到一定的限制。

Ⅲ类地区包括北海、连云港、宁德、阳江、潮州、汕头、葫芦岛、茂名、湛江、揭阳、钦州、汕尾。这类地区为后发增长型海洋经济发展模式，即资源禀赋一般，海洋经济规模也较小，属于海洋经济发展的后发地区，虽然与其他地区存在明显的差距，尤其是海洋科技水平及科技潜力方面差距较大，但是未来若能借助海洋基础设施建设和挖掘自身资源禀赋潜力的机遇，逐步克服制约海洋经济增长的因素，将有机会扩大海洋经济规模。

进一步分析中国海洋经济发展水平空间均衡分布状况可知，中国城市海洋经济的发展水平明显呈现出地域上的南北关联，我国中部与珠江三角洲沿海经济区由于秉承了较好的产业基础，城市经济发展水平普遍高于我国北部地区。由于大量的外商投资向北转移，集中到了以上海以及周边的长江三角洲地区，进而中部海洋经济区的发展水平在一定程度上高于北部和南部地区。总的来说，区域海洋经济的关联来自地带上的关联，区域内部的关联当中，中部地带内部关联远远大于南部。资源禀赋、经济空间集聚、国家政策和外商投资倾斜等是影响城市区域海洋经济关联的主要因素。以天津为中心的北部地区的整体竞争力弱于中部地区，其中一个原因就是天津的辐射能力薄弱，带动力弱。区域内由于行政区域划分，产业集群难以形成，不易产生规模效益，各地区内竞争大于合作。青岛、大连、天津纷纷争夺国际航运中心的位置，三足鼎立的局面持续多年，导致环渤海地区的发展一直不温不火，内部相对差异没有太大波动。但是随着国家对该地区的重视，内部各城市之间有效的分工合作机制正在建立，关联程度有不断加强的趋势。南部地区以广州为核心城市，广州与上海相比仍存在很大差距，而且周围有众多中小城市，香港与广州的直线距离只有150千米，在如此小的空间范围内，城市集聚和辐射功能的重叠是必然的，也会对整个泛珠江三角洲地区起到带动作用，但集聚程度不断加强，表明区域一体化过程正在加深，并且主要表现为产业的集中过程。

二、空间集聚程度分析

1905 年，统计学家马克斯·洛伦兹（Max Lorrenz）首先提出了一个用以描述收入或财富分配不均等程度的曲线，即洛伦兹曲线。基布尔（Keeble）将洛伦兹曲线和基尼系数用于测量行业在地区间的分配均衡程度，提出了区位基尼系数。计算洛伦兹曲线，需要一种数据多个时点或不同地域的样本，将同一时点或地域的数据进行累计百分比计算，然后绘制折线图，将累计百分比作为纵坐标，样本排序按结构百分比作为纵坐标，将所得的坐标点绘制在图上，绘制折线图便可得到洛伦兹曲线。可以用这种方式得到收入洛伦兹曲线、空间洛伦兹曲线等，收入洛伦兹曲线可以衡量收入分配是否公平，空间洛伦兹曲线可以衡量某一种地理数据在空间上的分布均衡程度。

空间洛伦兹曲线是分析产业发展不平衡性的一个量化工具，其原理与洛伦兹曲线相同，本书中洛伦兹曲线下凹的程度越小，偏离对角线较近，其空间分布较为集中。基尼系数值越接近 1，说明海洋经济的空间分布与整个经济的空间分布越不一致，海洋经济的集中程度高于整体经济的集中程度，或者说海洋经济的地方化程度高，指标值越大，集中度越高。该曲线为在实践上分析各地区海洋经济关联的差异性和合理性、明确未来海洋利用目标提供了很好的方法。空间洛伦兹曲线只能反映出整个区域的观测值分布状况，而不能体现出每一个观测值在本区域内的地位。中国海洋经济区空间洛伦兹曲线见图 9-1～图 9-4。

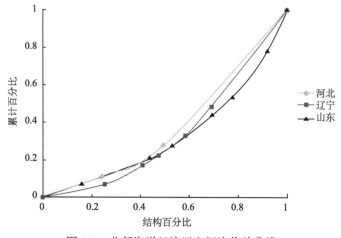

图 9-1　北部海洋经济区空间洛伦兹曲线

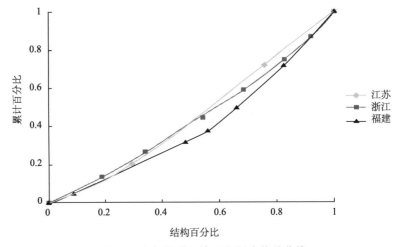

图 9-2　中部海洋经济区空间洛伦兹曲线

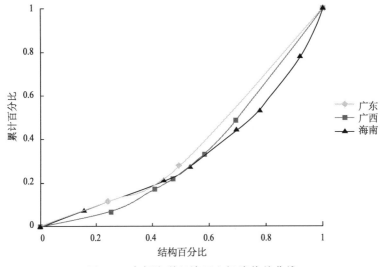

图 9-3　南部海洋经济区空间洛伦兹曲线

空间洛伦兹曲线得到的分析结果基本上与现实情况相符合。长江三角洲海洋经济发展呈现以下特征：一是沿海城市带成为长江三角洲海洋经济发展的主要载体，其中上海、宁波、舟山等沿海城市的海洋经济竞争力较强；二是长江三角洲海洋产业总体呈现集聚优势，部分行业趋同现象较为严重。目前，上海以海洋服务业为主，江苏、浙江海洋经济以制造业为主。其中，海洋船舶、海洋交通运输等行业三地区趋同较为严重。

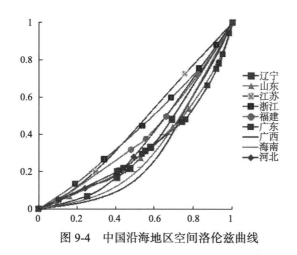

图 9-4　中国沿海地区空间洛伦兹曲线

由空间洛伦兹曲线可以发现，中国沿海地区海洋经济空间关联集中度最高的为江苏，浙江其次，空间关联集中度最低的为辽宁与山东，其各城市间海洋经济发展水平关联水平较低。从大区域层次来看，北部沿海经济区海洋经济空间关联水平排名依次为河北、辽宁、山东，中部沿海经济区海洋经济空间关联水平排名依次为江苏、浙江、福建，南部沿海经济区海洋经济空间关联水平排名依次为广东、海南、广西。

中国海洋经济总体差异主要来自各地区内的差距，其中中部地区差距贡献率最大，波动也最大。区域中心增长极效应的强弱一定程度上造成地区内和地区间差距的不同。

三、社会网络特征

1. 社会网络分析方法概念

社会网络分析方法出现于 20 世纪 50～60 年代，目前已在社会学、经济学、管理学等学科中得到了广泛应用。在社会网络研究领域，任何一个社会单位或者社会实体都可以看成是网络中的成员，关系是网络分析理论的基础。该方法主要用于描述组织间的关系特征、确定关系类型、分析关系对网络的影响等，但目前应用于空间经济联系的研究还较少。在对中国海洋经济区经济空间经济联系分析的基础上，做出相应的网络结构图，并对网络密度、网络中心度和中心势等进行分析。

1）网络密度

网络密度是网络中各个成员之间联系的紧密程度，其数值是通过网络中实际存在的关系数量与理论上可能存在的关系数量相比得到的。公式为

$$D = \sum_{i=1}^{k} \sum_{j=1}^{k} d(n_i, n_j) / k(k-1) \tag{9-1}$$

式中，D 为网络密度，$d(n_i, n_j)$ 表示城市 i 和 j 间实际连边的网络条数，k 为城市节点数量。网络密度越大，成员之间联系越多。当网络密度等于 1 时，说明网络节点间都有联系；反之，当网络密度等于 0 时，则节点间无联系。

2）网络中心度和中心势

中心度是衡量成员处于网络中心位置的程度，反映了某一组织在不同区域范围内参与活动程度和影响力的大小，主要从点度中心度和中间中心度两个角度展开分析。中心势是度量整个网络中心化的程度，测量网络的总体整合度或者一致性。点度中心度是测量网络中成员自身的关联能力。根据不同城市经济联系方向和强度，点度中心度又分为点出度和点入度，点出度即影响其他城市的程度；点入度指受其他城市经济联系影响的程度。公式如下

$$C_{D(in)} = \sum_{j=1}^{n} R_{ij(in)}; \quad C_{D(out)} = \sum_{j=1}^{n} R_{ij(out)} \tag{9-2}$$

式中，$C_{D(in)}$ 为点入度；$C_{D(out)}$ 为点出度；R_{ij} 为城市间的经济联系强度。

这两个指标说明经济空间联系强度越大，点出度越高，表明此城市经济在城市群中有较多的关联性，具有核心竞争力；点入度越高，说明受其他城市经济发展的辐射作用越大。中间中心度表示两个非邻接城市经济间的相互联系依赖于经济区中其他城市的程度，特别是位于两个城市之间路径上的区域。如果一个城市位于其他城市的多条最短路径上，该城市就具有核心地位，具有较高的中间中心度。公式如下

$$C_{ABi} = \sum_{i}^{n} \sum_{k}^{n} g_{jk(t)} / g_{jk}, j \neq k \neq 1 \tag{9-3}$$

式中，C_{ABi} 为中间中心度；g_{jk} 为城市 j 和城市 k 间存在的捷径数目；$g_{jk(t)}/g_{jk}$ 表示城市 i 能够控制城市 j 和城市 k 联系的能力，即城市 i 处于城市 j 和城市 k 间捷径上的概率。

2. 引力模型

各城市的经济发展空间是非均质的，且城市之间的经济联系方式也不尽相同，因此城市之间在空间上相互关联而形成的经济联系随着社会经济的发展趋近于紧密和复杂。交通通达度及其所需花费的时间成本等是决定城市间联系紧密度的关键因素，城市之间总是在持续不断地进行物质、能量、人力和信息交换。这种城市之间的交换就是空间相互作用。正是城市之间的空间相互作用，才把地表上彼此分离的城市结合为具有一定结构和功能的有机整体，即城市系统。同空间中质点间相互作用类似，地理空间中的城市也可以作为质点来看待，城市间的相互作用也可以用万有引力模型来描述。与质点间相互作用不同的是，两城市间的相互作用同城市间的距离、城市规模和空间介质有关，城市间引力是以质量的增函数和距离的减函数而提出的。许多的地理学者通过万有引力定律对区域经济相关领域进行研究分析。贸易经济研究最早引用牛顿的万有引力模型，后来引力模型的应用更为广泛，地理学家也对引力模型进行修正并用于研究区域经济联系。本书也以引力模型为基础，对其加以修正，研究城市海洋经济联系度。引力模型的基本形式为

$$T_{ij} = g \cdot P_i^a \cdot P_j^b / d_{ij}^c \qquad （9-4）$$

式中，T_{ij} 表示一定时间内 i 地对 j 地的海洋经济引力量，P_i 和 P_j 分别表示 i、j 两地的海洋经济评价指数，d_{ij} 表示 i 地到 j 地的空间距离（使用 ArcGIS 空间交叉表计算），g 是引力系数，而在实际运用于空间经济相互作用分析时，还应根据研究做出一定的修正，此处记为 $g=P_i/P_j$，a、b、c 是大于 0 的参数，此处设为 1/2。

3. 中国海洋经济联系网络分析

所谓区域经济网络是指连接区域内各生产、流通、服务等部门的关系和方式。在经济布局框架已经形成，点轴系统比较完善的地区，进一步开发就可以构造现代区域的空间结构并形成网络开发系统。区域经济网络具备下列要素：一是节点，即增长极的各类中心城镇；二是域面，即沿轴线两侧节点吸引的范围，或称经济腹地；三是网络，即各种现状的基础设施所构成的网络，由商品、资金、技术、信息、劳动力等生产要素的流动网、交通、通信网组成。网络开发就是通过强化网络的负载能力和延伸已有的点轴系统，以提高区域各节点与

域面之间的生产要素交流的广度和密度，促进区域经济一体化。同时通过网络的外延，加强与区外其他经济网络的联系，或将区域的经济技术优势向四周区域扩散，在更大范围内将更多的生产要素进行合理调度、组合。通过网络发展，逐步实现区域经济的均衡协调发展。

1）经济联系度分析

中国部分沿海城市 2011 年海洋经济联系度如表 9-2 所示。

表 9-2　中国部分沿海城市海洋经济联系度（2011 年）

城市	唐山	秦皇岛	沧州	大连	锦州	营口	盘锦
唐山	—	320.42	95.50	156.06	59.44	37.84	26.94
秦皇岛	74.57	—	6.22	27.66	21.17	12.47	9.21
沧州	14.73	4.12	—	3.16	1.65	1.31	1.05
大连	192.51	146.61	25.29	—	106.87	146.88	68.20
锦州	15.57	23.83	2.80	22.69	—	77.43	116.68
营口	8.93	12.65	2.01	28.10	69.75	—	161.73
盘锦	4.49	6.59	1.14	9.21	74.23	114.22	—
葫芦岛	5.04	12.42	1.09	7.16	114.62	18.50	17.40
丹东	8.63	7.83	2.15	33.58	15.92	35.35	19.64
南通	26.03	8.72	7.78	37.99	7.41	7.37	4.87
盐城	9.05	4.03	4.14	12.51	3.12	3.14	2.15
宁波	20.70	6.66	5.57	29.36	6.03	5.95	3.98
温州	8.48	3.01	2.62	10.95	2.76	2.68	1.85
嘉兴	19.63	6.55	5.80	27.21	5.73	5.64	3.77
绍兴	18.09	5.92	5.24	24.44	5.26	5.15	3.45
舟山	13.26	4.69	3.89	19.02	4.28	4.28	2.88
台州	10.85	3.79	3.26	14.49	3.45	3.39	2.31
厦门	5.76	1.96	1.72	6.81	1.84	1.74	1.22
莆田	0.28	0.18	0.18	0.31	0.16	0.16	0.13
泉州	6.18	2.11	1.84	7.38	1.97	1.87	1.31
漳州	1.58	0.70	0.66	1.77	0.65	0.62	0.46
宁德	0.64	0.36	0.36	0.73	0.32	0.32	0.25
青岛	70.67	26.71	23.02	134.11	17.20	17.56	10.90

续表

城市	唐山	秦皇岛	沧州	大连	锦州	营口	盘锦
东营	166.03	46.05	97.18	111.68	19.83	17.39	11.35
烟台	179.38	80.89	33.70	1064.90	52.73	60.37	33.42
潍坊	172.30	50.97	67.26	204.09	27.17	25.45	15.98
威海	18.79	13.29	5.68	122.67	10.02	12.67	7.37
日照	23.78	9.79	11.73	31.78	6.34	6.25	4.15
滨州	46.75	15.32	55.16	25.88	6.77	5.88	4.11
汕尾	0.02	0.02	0.02	0.02	0.01	0.01	0.01
惠州	2.68	1.01	0.92	2.90	0.94	0.88	0.63
深圳	5.38	1.73	1.54	5.96	1.63	1.51	1.07
东莞	5.83	1.86	1.67	6.43	1.74	1.61	1.14
珠海	1.83	0.73	0.67	1.95	0.68	0.64	0.46
江门	3.44	1.20	1.09	3.70	1.12	1.04	0.75
中山	0.94	0.43	0.41	0.98	0.40	0.37	0.28
湛江	1.00	0.43	0.41	1.02	0.40	0.38	0.28
茂名	0.09	0.06	0.06	0.08	0.05	0.05	0.04
汕头	1.08	0.50	0.47	1.18	0.46	0.44	0.33
钦州	0.55	0.27	0.26	0.53	0.25	0.23	0.18
北海	0.91	0.40	0.38	0.91	0.37	0.35	0.26
三亚	0.20	0.11	0.11	0.20	0.11	0.10	0.08
天津	2751.60	185.58	664.76	226.93	63.47	44.13	30.66
上海	32.24	10.09	8.50	47.99	8.92	8.88	5.84
杭州	15.53	5.26	4.80	20.49	4.59	4.49	3.03
福州	5.26	1.92	1.70	6.36	1.77	1.70	1.19
广州	7.24	2.21	1.97	7.98	2.07	1.91	1.34
海口	1.95	0.72	0.64	2.05	0.68	0.63	0.46

注：由于篇幅限制，此表只列出河北省和辽宁省的部分城市

　　以空间经济联系矩阵作为原始数据，采用 Ucinet 软件生成城市海洋经济联系的网络基本形式。通过城市经济联系网络结构图，可以从直观上对现阶段区

域内的城市经济网络进行初步了解。如果一个城市对另一个城市存在经济影响，那么由线连接的两个城市间如果互有经济影响，则两端都存在箭头，如果只有一端存在箭头，则是箭尾城市对箭头城市存在的相对影响较大。而经济联系较为紧密的城市，在图上的相对位置会较近（图 9-5）。考虑到数据的可取性，对计算结果按相同比例进行必要的处理。如果处理后两个城市间的经济联系值仍然小于 8，说明两者间的经济联系非常弱，将其记为 0，以期能更明显地反映各个城市的空间经济联系。

由图 9-5 可以看出，2011 年中国海洋经济空间联系的中心为上海。从经济区来看，中部海洋经济区空间关联程度明显强于南部和北部海洋经济区。北部、中部、南部海洋经济区中心分别为天津、上海、广州。

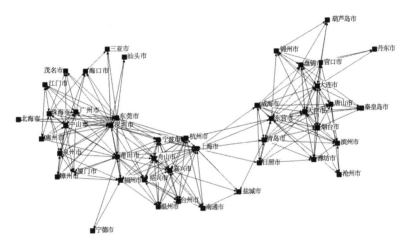

图 9-5　沿海城市海洋经济空间联系网络

2）网络中心度和中心势分析

网络中心度是通过网络中一个点与其他点直接联系数的多少来测算的。点度中心度是衡量城市在空间经济联系网络中是否处于重要中心地位的指标，可用一个城市与其他城市之间直接联系的多少来表示。根据不同城市的联系方向和强度，点度中心度又分为点出度和点入度：点出度代表了该城市在区域内辐射作用的大小，若一个城市点出度相对较大，则表明其具有较强的门户功能；点入度则反映城市在区域内部内聚性的强弱受其他城市经济联系影响的程度。某城市两个指标的大小及比较结果可以初步反映出它在城市经济网络中的基本功能（表 9-3）。

表 9-3　部分沿海城市网络中心度和中心势分析

城市	点入度	点出度	城市	点入度	点出度
唐山	389	307.2	烟台	594.9	512.9
沧州	216.9	54.1	威海	519.8	546.5
大连	299.6	440.7	日照	177.7	73.5
锦州	220.1	103.6	滨州	1 269.4	369.5
营口	411.5	249.4	汕尾	12.3	0.1
盘锦	305.6	560.2	惠州	3 575.7	773.7
葫芦岛	97.9	20.2	深圳	8 328.3	15 194.6
丹东	68.7	25.1	东莞	10 766.3	16 155.7
南通	388.3	174.6	珠海	10 085.8	7 230.5
盐城	89.6	25.6	江门	4 262.3	918.1
宁波	1 138.5	1 510.1	中山	11 024.4	10 545.1
温州	169.4	77.4	湛江	36.3	5.3
嘉兴	1 178.4	878.6	茂名	53.2	6.9
绍兴	1 461.1	1 103.6	汕头	74.6	7.4
舟山	1 070.1	822.6	钦州	3.1	0.1
台州	313.1	146	北海	43.8	11
厦门	461.1	397.3	三亚	55	24.9
莆田	560.3	1 313.6	天津	354.9	599.4
泉州	762.1	436.7	上海	736.2	1 362.6
漳州	351.4	139.9	杭州	1 203.8	1 549.1
宁德	136.5	27.3	福州	556.3	282.4
青岛	292.7	354.5	广州	8 551.6	6 450
东营	389	307.2	海口	92	38

　　从海洋经济空间关联点出度来看，排名第一位的是东莞，反映了它在某种程度上经济的辐射能力甚至超过广州和上海，这是因为其区位优势以及作为工业基地具有较强的经济实力，与周边城市和地区的经济联系逐渐增强。排在前列的还有深圳、中山、珠海。从点入度的综合测度值来看，中山、东莞、珠海、

广州、深圳反映了较强的经济联系能力。汕头、茂名、湛江点入度远大于点出度，极化效应和经济集聚效应依然非常明显。而排在最后几位的如汕头、丹东、三亚、茂名、北海、湛江、汕尾、钦州，与其他城市的经济联系较弱，需要加强与网络中位置较近的主要节点城市的经济联动，以带动其自身的发展。

第二节　中国海洋产业空间关联与布局形成机制

一、动力机制

1. 产业集聚

海洋区域经济空间关联的原因主要有历史基础、经济发展水平、资源禀赋、区域发展政策和外商投资倾向以及中心城市带动作用强弱等。产业的空间集聚是产生区域经济空间关联的动力机制。20 世纪 80 年代以来，学术界强调规模收益递增对产业组织、国际贸易、经济增长以及产业区位的影响，形成了诸多理论，尤其是新贸易理论和新经济地理理论，这两种理论认为规模效应递增决定产业区位及其空间格局。假设资源禀赋和技术不存在空间差异，但劳动力可以转移，产业地理集中则完全取决于交通成本和规模经济的相互作用。产业间的需求联系促使产品的生产者要接近产品采购商，而产业间的成本联系促使产品的消费者在空间上接近消费商，从而推动产业空间分布沿着一定路径发展。

产业空间集中和贸易成本之间存在一种倒 U 形函数关系。在经济发展初期，不同行业企业进行交易的交通成本过高，不同行业的企业倾向于空间上相互毗邻，因此难以形成不同产业在空间上相互隔离、同种产业在空间上集中的现象。该集聚加大不同地区之间生产能力的差距，而进一步促进不同行业的地域集聚，造成资本大量集中在一个区域，且地区差距更大。不同产业在同一地域集聚发展到一定程度，产生地价高涨、环境污染、交通拥挤等集聚不经济现象，贸易成本并没有降低，反而降低了该地区的吸引能力，逐渐导致不同地区的生产能力发生逆转，当生产能力的地域差距达到足以克服企业区位移动的成本时，就会带来不同行业的地区扩散。

　　沿海经济区政府选择以产业集聚推动海洋经济发展的主要原因，一方面是产业集聚在区域经济发展中所具有的巨大优势，这包括产业集聚所带来的规模经济、高度的专业化分工、生产运输交易等成本的降低、产业竞争优势的实现等集聚效应，从而可以极大地提升区域的竞争力；另一方面则与目前我国对海洋开发的认识和开发方式有关，区域政府在对海洋开发的过程中仍然比较看重海洋油气、化工等重化工业以及大型港口码头建设等为区域经济发展带来的巨大收益，而这些项目通常比较庞大，需要相应的产业链等支撑体系，在建设过程中很容易形成相关产业的集聚。

　　区域经济异质化的集聚效果，会使经济区周边市县区的优良资源，无论是人才、资本、技术，还是企业区位选择，都向核心地区转移，集中化趋势加重。资源外流，优质企业外迁，经济发展处在劣势地位的区域发展潜力降低，发展空间被压缩；经济核心地段因为资源集中，发展前景更开阔，发展空间被无限制扩大，两者经济发展水平不断被拉大，差异化现象更加严重。

　　在海洋经济集聚效应作用下，城市化与海洋服务业之间的需求互补成为两系统耦合的动力。以海洋交通运输、滨海旅游业等为代表的海洋第三产业成为沿海地区经济发展的重要支撑产业。沿海地区港口经济效应显著，广泛吸引各经济要素集聚，促进经济增长极形成，劳动力要素在增长极的作用下不断向沿海地区集聚。同时，城市化水平迅速发展，为海洋产业结构后续优化升级提供充分的劳动力要素支撑。海洋经济产业结构调整作用机理与陆域经济存在共通性，劳动力在各产业间的转移过程同样适用配第-克拉克定理。例如，在经济发展方面，城市化发展到较高阶段可以提供良好的经济发展环境、政策环境及集群优势；在消费市场方面，城市化水平越高，人们生产生活的需求也就越多，这就促进海洋服务业的发展；在科学技术方面，高城市化水平可以吸引人才的空间集聚，为海洋服务业经济发展提供技术支撑；在对外联系方面，海洋服务业可以架起对外沟通的桥梁，促进城市开放水平与国际接轨。需求之间存在的互补性，促使城市化系统和海洋服务业系统各种力与流的流通，推动沿海地区城市化的发展与海洋服务业互动发展更具活力。

　　通过推动海洋产业集聚，提高海洋产业专业化水平，发展优势海洋产业，我国部分区域海洋经济取得了快速增长和较大发展，迅速扩大了区域海洋产业的整体规模，增强了区域海洋经济的竞争力。同时，我国区域海洋经济发展中以海洋产业集聚为主的发展方式决定了各沿海经济区在海洋经济空间发展模式的选择上，点域、点轴、网络型的增长极发展模式具有较大的普遍性，增长极的快速发展所产生的扩散效应，有力地带动了区域内海洋经济的整体发展。

目前我国各沿海经济区的海洋产业集聚中主要以临港工业和重化工业为主，增强了对海洋环境的影响程度和对海洋资源的利用强度，海洋环境、资源的压力较大；各沿海经济区产业集聚的形成主要依赖于地区海洋资源禀赋的比较优势和政府投资规划，在形成过程中很少接受市场的检验，缺乏通过市场竞争确立的竞争优势所形成的海洋产业集聚和以市场需求为导向所形成的海洋产业集聚，造成了各地区间缺少具有特色的海洋产业集聚；以增长极为主的普遍发展模式，在一定程度上也制约了区域内海洋经济的协调发展，造成区域海洋经济发展的空间结构不合理。空间的集聚产生了空间的差异，区域内区位优势较强的地区不断吸引区域内的资源、要素、企业、经济部门，于是形成区域的经济发展增长极，使区域产生了中心和边缘的分化，最终导致区域空间差异和非均衡状态。集聚和扩散同时存在，它们在不同时期有不同的表现形式。在初期，集聚机制起主导作用，引发区域空间分异；发展期集聚逐渐减弱，扩散起主导作用；成熟期二者同时作用，表现形式比较复杂。目前长江三角洲地区处于从发展向成熟过渡的阶段，因此空间差异存在波动。上海、江苏、浙江三省（直辖市）进入20世纪90年代后迅速发展，以全方位姿态开放，主要以引进外资，发展外向型经济为主，以上海为龙头，其余各地接轨上海，区域绝对差距增大，相对差距呈现波浪式发展趋势。

例如，青岛市改变以往胶州湾沿岸东西发展不均衡的局面，实施"环湾型发展"战略，统筹胶州湾地区的生产力布局，又加速构建多座跨海大桥和环湾国道，实现各组团间的联通，使得胶州湾成为"城市内湖"；又如，营口市沿海地区原仅在港区设立国家级经济技术开发区，20世纪末以来，滨海发展战略提速，在铁道和国道的轴线上相继设立营口高新技术产业开发区、辽宁（营口）沿海产业基地和营口滨海新区等，以建设"三个百里"战略为目标，充分利用海岸带资源，打造城市滨海发展轴线等。

2. 海陆统筹发展

我国在1996年提出了海陆一体化的概念，并将海陆一体化作为发展海洋经济的重要战略。在海陆一体化战略的初始阶段，各地区主要是依靠陆域经济基础，逐步向海域经济延伸，推动海洋经济发展；而随着海洋经济的不断深入发展，海洋经济地位的不断提高，各沿海地区已经着手进行海陆的统一规划、联动发展、产业衔接和综合管理，旨在实现整个区域的科学、全面发展。在这一阶段，海陆联动发展已经成为整个沿海地区实现全面发展的重要途径，区域政府的政策中心则落脚于增强区域海洋经济对沿海地区经济的带动作用。从全国各沿海地区的区域海洋经济发展政策来看，各沿海地区都提出了海陆联动、加快海陆一体化发展的方针策略，其中除浙江和广西外，其他地区都强调大力发展海洋经济，借助海陆联动推动整个区域的经济发展。浙江与广西的海陆一体化则是以陆域经济为依托带动海洋经济的发展，主要原因在于：首先，浙江省陆域民营企业实力雄厚，相关特色产业具有较强的竞争力；其次，浙江省的海洋经济发展侧重于与长江三角洲地区的对接，广西则是由于受地理位置等方面因素的影响，海洋产业实力较为薄弱，需要依托陆域经济的带动作用。

海陆统筹的原动力是海陆之间相互提供产品和服务。随着海洋资源开发的深入，海陆资源的互补性、产业的互动性、经济的关联性进一步增强。一方面，海洋资源开发的广度和深度需要有强大的陆域经济作支撑，海洋经济发展中的制约因素只有在与陆域经济的互助、互补中才能逐步消除，陆域经济利用其资金技术优势在海岸带建立海洋开发基地，进行海洋资源开发和海洋资源加工，实现陆域经济向海洋延伸；另一方面，陆域经济发展战略优势的提升和战略空间的拓展必须依托海洋优势的发挥和"蓝色国土"的开发。海洋资源优势通过临海产业的建立向陆域扩散，从而弥补陆域自然资源的不足。陆域资源与海域资源优势互补，共同促进沿海地区的发展。但也应看到，海洋经济与陆域经济存在合作效应的同时也存在竞争抑制效应。

沿海地区政府海陆联动、一体化发展战略的实施，是在实践中探索如何实现海洋经济发展对区域发展的推动。从实践结果来看，证明区域海洋经济具备了实现区域全面发展的能力，但也说明目前海陆联动、一体化发展层次较低，各地区海陆联动发展的相关产业过于单一、存在雷同等问题，这也为我们进一步提高对区域海洋经济发展的认识提出了要求。与陆域经济的特征相比较，海洋经济更具有其特点。以目前所能达到的科学技术水平来看，要想满足人类的经济活动空间的需要，必须加强节点、网络、海域空间等各个方面的联系。海洋经济与陆域经济之间的关系则应该更加深刻地表现在海陆之间各种产业间的关联方面。与陆域经济相同，海洋经济也是包含多部门和多行业的经济，一方面，大部分海洋产业的发展离不开与其相关的陆域产业的发展，主要原因是相关陆域产业的发展可以为海洋产业发展提供更为先进的经济条件与技术支持；另一方面，海洋产业的发展也为陆域产业的发展创造了更加广阔的平台。二者相互促进、相互依赖，互为基础和条件。

海洋经济与陆域经济的关系更直接、深刻地体现在海陆产业关联方面。与陆域经济相比，海洋经济各部门、行业之间大多缺乏内在的有机联系，很难形成独立的实体。这些部门、行业是陆域经济某些部门向海洋空间上的延展，多与陆域经济活动密不可分，具有内在的联系，形成陆海经济生产与再生产的综合经济系统。一方面，陆域产业是海洋产业发展的基础，可以为海洋产业提供配套设施和经济技术保障；另一方面，海洋产业为陆域产业的发展提供强大的物质保障和广阔的拓展空间。无论是发展空间还是技术经济等方面，它们的相互依赖作用是增强的。这种客观存在的必然联系决定了海洋经济与陆域经济发展互为基础和条件。

但是，总体来看，我国陆海统筹发展尚处于起步阶段，海洋经济发展仍然比较落后，与世界主要发达国家存在着明显差距。海陆经济关系不协调、海岸带和海域开发布局不合理、陆海生态环境冲突严重、规划管理和体制改革不到位等问题，将长期制约我国陆海统筹发展的进程。

统筹规划沿海港、航、路系统，要理顺陆海产业发展与生态环境保护关系，以实现陆海产业发展、基础设施建设、生态环境保护的有效对接和良性互动，提升沿海地区的集聚辐射能力，强化其作为人口和海陆产业主要集聚平台、海洋开发支撑保障基地、海陆联系"桥梁"和"窗口"的功能。为此，要在优化以城市群为支撑的沿海地带综合布局的基础上，以优化海洋功能分区和海洋产业区域分工格局为基本方向，加强岸线和近岸海洋资源开发的统一规划与管理，进一步规范近岸海洋资源开发秩序。促进沿海和内地产业合理有序转移，推动海洋产业和沿海陆域海洋依赖性产业空间集聚，规范临海临港产业园区开发建设秩序，加快沿海地区海洋产业和临海产业的空间整合和区域布局的调整。整顿和规范钢铁、石化、造船等临港工业发展秩序，要坚决控制增量、优化存量，加快淘汰一批落后产能，引导产能有序退出，推动国有资本从产能严重过剩行业向战略性新兴产业和公共事业领域转移。

3. 外商投资的地区差异

资本作为一种重要的生产因素，通过直接或间接地作用于经济活动过程，对区域经济的发展产生显著的影响。资本因素是最为直接的经济产出影响因素之一，本地的资本积累直接影响当地的资本数量。但在资本流动性高度强化的今天，地区外部资本流入发挥的作用则愈发重要。投资的产业倾斜导致区域间经济差异扩大，影响行业的分工格局。中央财政投资是最为直接的方式，带有很强的导向性，但随着政府职能的转变，政策性投资的范围和力度都会收缩，所以沿海经济区发展应将重点放在吸引外商投资上。

中部沿海经济区海洋经济发展水平高于南部和北部，这与外商投资移位也有很大关系。在改革开放初期，外商在华投资主要集中在东南沿海经济区，随着改革开放的不断推进，特别是浦东的开发，过去珠江三角洲地区享有的政策优势逐步消失，外商直接投资业绩指数呈逐年下降趋势。同时伴随着外商投资和各种产业的集聚，能源短缺，环境污染加剧，生产成本降低，由此对外商投资形成一股推力，之后外商投资向北部沿海逐步扩散。而作为中国沿海沿江 T 形格局的重要结合部，长江三角洲地区拥有更广泛的经济腹地，对内经济联系也十分密切，再加上上海建设国际经济、贸易、金融和航运中心所显现出来的巨大潜力，对外商投资形成一股拉力。

二、约束机制

1. 海洋自然资源的约束

由于海洋自然资源具有地域性，海洋自然资源的分布是不均衡的，各地区海洋经济发展基础首先要分析各地区海洋自然资源分布的差异。对于区域自然资源差异的研究，人们更希望能够获得的是整个区域各种自然资源丰富程度的综合评价。拥有丰富的资源是一种资源优势，而拥有一种特别富足的资源，其他资源并不多，也是一种资源优势，自然资源的稀缺性决定了在区域发展过程中具有资源优势的竞争性资源的重要性。所谓基本资源综合优势度最差的地区，是指既缺少各种资源的配合优势，又不占有某一种资源显著优势的地区。在目前的区域海洋经济发展过程中，各沿海地区海洋经济的快速发展在很大程度上是建立在区域海洋资源消耗基础之上的，区域海洋自然资源日益成为区域海洋经济发展的瓶颈。要实现区域海洋经济可持续健康发展，就要充分发挥有利于区域海洋经济发展的竞争性资源优势。

　　自然基础通过对区域产业的形成和发展的影响，从而影响区域的经济发展情况。产业的区位选择由自然资源、地理位置、气候等外生变量决定。从静态比较来讲，每个地区生产要素禀赋不同，如果利用地区禀赋好、相对丰富的生产要素进行生产，那么该地区在竞争中就处于有利的地位；相反，利用资源禀赋差、相对稀缺的生产要素进行生产，就会处于不利地位。区域的自然要素禀赋结构在地区差距产生上发挥重要作用，各个区域都应该依据自身的资源禀赋条件的不同进行分工，充分发挥其比较优势。

　　我国海洋产业的发展，仍处于以利用自然资源为主的阶段，海洋资源的丰富程度决定了区际分工格局，进而影响到沿海各区在区际分工中的地位和利益分配的多寡。沿海各地区由于地理位置、自然资源拥有量不同，各海洋产业在地区海洋产业系统中的地位作用是不同的，因此出现海洋经济产业空间结构差异现象。

　　我国海洋空间资源主要为港口资源和土地资源。港口是水陆交通的枢纽和基地，港口建设可以有效地带动其腹地的经济发展，即所谓的以港兴市，如江苏省张家港市。我国海岸线曲折漫长，港湾众多，发展港口和交通运输条件优越，港口资源十分丰富，全国有大小宜港港湾100多个，深水岸段达400多千米，同时还有众多河口，其中可供建设10万吨泊位的港址有十几处，可供建设万吨级以上泊位的港址有40多处，可供建设中级泊位的有100多处。我国土地资源、滩涂资源主要分布在潮上带、潮间带和潮下带，数量大、分布广、类型多。全国潮上带土地面积约有10.3万平方千米（《中国海岸带和海涂资源综合调查报告》，1991年），约占沿海全部县（市）陆地总面积的40%左右，基本已得到开发且利用程度较高。潮间带滩涂区面积3100多万亩，用于发展海水养殖和通过围垦得到利用等。潮下带的土地资源，真正作为"土地"利用的数量还很少，目前主要是用在海水养殖区和捕捞作业区域。海洋既是资源也是环境，要规范合理地进行开发利用。

　　从海洋经济本身的涉海性要求来看，一个地区若没有一定面积的管辖海域，没有一定规模的可供研究和开发利用的海洋和海洋资源，就谈不上发展海洋经济。海洋资源是海洋经济发展的前提和基础，海洋经济的发展对海洋资源具有高度依赖性。相对于陆地而言，海洋有着独特的物理、化学、生态等方面的性质，海洋系统的各个组成部分之间的相互联系和相互影响更加直接紧密，如海洋污染扩散容易，而治理和恢复则很困难，海洋的生态破坏也容易造成快速和广泛的连锁反应。如果不注重海洋环境保护和海洋资源养护，不注意采用可持续的管理、开发和发展模式，海洋经济的发展势必会破坏海洋的生态环境，这样不仅会使海洋提供生态服务的功能损失殆尽，也会让海洋经济赖以成长和发展的资源基础丧失。因此，在发展海洋经济的同时还应该加强海洋资源环境的保护和养护，加大科学研究力度和国民教育，做好法制建设和执法工作，做好海洋和海岸带综合管理，以确保海洋生态的健康，确保海洋经济具有可持续发展的资源基础。

2. 海岸带开发布局合理程度

由于海陆功能区划错位和割裂、其他管理不到位，在经济利益的驱使下，地区之间、行业之间乱开发乱占海岸和近岸海域，造成了严重的资源破坏和生态环境问题。同时，海域开发布局也不合理，近岸海域过度开发和远海深水开发利用不足问题并存。

由于对海洋岸线缺乏强有力的规划与管理，旅游、海水养殖、盐业、港口、临海工业、自然保护区等利用方式交叉重叠，矛盾和冲突不断加剧。在一些人口、产业集中度高的发达地区，片面追求港口规模扩张，大量布局临港、临海重化工业，城市岸线资源紧张、原始景观破坏、生态环保压力大，部分城市已经面临岸线功能调整和改造的迫切问题。在一些行政单元比较密集的岸线和海域，不同行政单元之间竞相开发、重复建设等问题也较为突出。

围填海面临潜在失控危机。以满足城建、港口、工业建设需要的填海造地高潮迭起。1990～2008 年，我国围填海总面积从 8241 平方千米增至 13 380 平方千米，平均每年新增围填海面积 285 平方千米。

3. 区位影响因素

区域海洋经济的区位因素包含所有区域间海洋经济各类相关事务的关系，包括海洋水文、地域环境、金融与资本、劳动力资源、市场、政府行为、政策与制度环境、可进入性、交通等。

根据区域经济学中新增长理论的观点，经济发展的过程从长期来看是趋异的，并越来越向两极化方向发展，这种区域经济发展的极化理论指出，在特定范围的地区发展中，处于经济发展核心的区域会与周边区域形成"极化—扩散"效应。根据新经济增长理论，区域间的"溢出效应"导致了地区内"极化—扩散"的产生，这种"溢出效应"是由于在相邻的区域间存在着经济产出的"溢出"。因此，一个区域在某个时期的经济增长从长期看可以看作是自身过去经济发展的"累积"与相邻区域经济发展的"溢出"共同作用的结果。也就是说，区域当期经济的增长不仅有利于该区域以后各期的经济增长，产生经济增长的"积累效应"，而且会对相邻区域的经济增长产生经济增长的"溢出效应"，而自身也会受到其他地区经济增长"溢出效应"的冲击。因此我们可以通过测算区域间海洋经济的"溢出效应"来研究区域间海洋经济的相互影响，进而对沿海 11 个省（自治区、直辖市）区域海洋经济的区位因素作用进行分析。

在对我国区域海洋经济的区位因素作用研究中，所选择的模型数据来源于北部地区、中部地区和南部地区。这主要是考虑到在三大沿海经济区内各个区域之间的经济联系较为紧密，各个区域间海洋经济的"极化—扩散"效应更加显著。此外中部沿海地区经济率先崛起，上海、广东等地则逐步发展成为各自地区甚至全国经济发展的核心，以长江三角洲地区为例，上海在区域经济发展中的核心地位，使得周边的浙江省、江苏省都处于其经济强吸引、强辐射的范围内，上海市的经济发展促进了江浙地区产业结构的形成与经济的发展，因此在区域经济发展中居于核心地位的区域具有明显的区位优势。

4. 区域发展政策的影响

区域发展政策是在一定时期内，立足于国家或地区总体发展方针和区域经济发展态势，根据国家和地区经济发展需要，并针对区域发展中存在的问题，制定旨在促进各区域经济发展的一些政策措施。效果明显的区域经济发展政策不仅能有效解决区域发展中存在的问题，还能促进区域社会经济更快更好的发展，使区域经济发展有良好的投入产出比。

区域发展政策对区域差异的大走势有重要影响。改革开放以后，珠江三角洲是最早在经济活动中实行特殊政策和灵活措施的地区，进入 20 世纪 90 年代，在邓小平南方谈话的指引下，珠江三角洲又掀起了第二次创业大潮。在大量劳动力向这一地区集聚的过程中，各种生产要素加速集聚，因此我国沿海南部地区拥有雄厚的海洋经济基础，南部地区的海洋经济增长依靠外资推动。对于中部海洋经济区而言，1992 年设立浦东新区，随后长江三角洲迅速发展，2000年确立以上海为长江三角洲经济发展的龙头，相应政策的实施在一定程度上促进了生产要素向该地区集聚。

5. 跨行政区管理水平

海洋资源和海洋生态环境是发展海洋经济的基础。由于海洋生态环境和资源的区域性和流动性的特征，在区域海洋资源的开发与管理过程中存在"公地悲剧"（tragedy of the commons）现象。地方政府由于强烈的赶超意识、竞争心理，在追求地方利益最大化的时候，往往忽视区域海洋经济发展的客观规律与海洋资源、生态环境的保护，而毫无节制地开发、利用海洋资源，破坏海洋生态环境。海洋生态环境和资源保护的界限模糊性和联系的普遍性，使得单个行政区很难肩负区域海洋生态环境治理和资源保护的重任，往往需要多行政区的共同完成。

近年来，长江三角洲海洋经济发展的基础正不断被沿岸人口、工业增长和海洋资源不合理的开发、利用所侵蚀，大量陆域未经处理的工业、生活废水以及固体垃圾被倒入海洋，造成海洋生态环境质量下降，可持续发展状况堪忧。由于长江三角洲海域行政上分属江苏、上海和浙江，这就更加剧了海洋资源和海洋生态环境的开发、保护和管理难度。虽然国家海洋局东海分局在长江三角洲各地区海洋经济发展和海洋资源、环境保护方面，起到了积极的管理、协调作用，但受其行政级别限制，未能发挥最大作用。在地方利益的驱动下，各地方政府、企业对区域内的公共海洋资源采取掠夺式的开采方式，造成海洋公共资源的退化，如过度捕捞，已经导致长江三角洲地区海洋渔业资源的衰退，近海水域渔业资源骤减。从空间上来看，长江三角洲海洋经济空间发展不平衡，可以划分为以上海、宁波、舟山、杭州、嘉兴、绍兴为中心的倒金字塔海洋经济发展区，以连云港、盐城和南通为中心的北部发展轴线，以台州和温州为中心的南部发展轴线。上海的海洋经济综合实力在长江三角洲尤为突出。

在国家海洋发展的背景下，区县管理创新优化我国沿海城市的空间组织，将极大程度地提升我国沿海城市海洋经济发展、海洋管理效率等，推动我国海洋强国的建设，但相关研究亟待展开。

当前沿海城市50%以上已进行滨海区县、乡镇建制调整及改革，54个沿海城市中超过 2/3 的城市在"十二五"规划中明确提出积极稳妥推进行政区划调整和改革等；半数以上的沿海城市设立与区县平级或高于区县的滨海新区，环渤海、环杭州湾、环珠江口新区群已悄然形成；等等。最后，沿海群岛新区、飞地经济区、专业岛屿、滨海新城、自然保护区、风景名胜区、陆地港区等新空间的大量出现对区县管理提出新的要求。例如，滨海产业区开发中的失海渔民发展问题、滨海新区开发与区县管理体制协调问题，以及飞地经济区及其相伴随的土地、税收与管理制度等都是区县管理及沿海城市空间组织优化的关键问题。

增长极通过支配效应、乘数效应、极化效应和扩散效应对区域经济活动产生阻滞作用。增长极的形成、发展以及发挥作用的强弱不同，都将引起区域的产业结构和空间结构发生变化，从而对区域经济发展产生重大影响。以天津为中心的北部地区的整体竞争力弱于中部地区，其中一个原因就是天津的辐射能力薄弱，由于区域内行政的分割，不宜产生规模效益。各地区间竞争大于合作，青岛、大连、天津纷纷争夺国际航运中心的位置，三足鼎立的局面持续多年，导致环渤海地区的发展速度一直不温不火。但是随着国家对这一地区的重视，内部各地区之间有效的分工合作机制正在建立，集聚程度有不断加强的趋势。南部地区以广州为核心城市，与上海相比仍存在很大差距，而且周围有众多的中小城市，香港与广州的直线距离只有 150 千米，在如此小的空间范围内，城市集聚和辐射功能的重叠是必然的，这也会影响对整个泛珠江三角洲地区的带动作用，其集聚程度的不断加强，表明区域一体化过程正在加快。

第十章

中国海洋产业组织与布局对策建议

第一节 辽 宁 省

辽宁海岸带海洋产业是个非常复杂的系统，其已有产业和有条件发展的产业达十几个部门。辽宁应转变观念，快速行动。重新梳理、定位，打造具有"霸主"地位的海洋产业。调整产业结构，加大新兴产业的投资力度。充分利用辽宁区位条件，结合各地区实际，培育符合地方特色的优势产业，从而推动分工布局，错位竞争，共同发展。

第一，根据海洋资源开发状况、海域空间的不同特点，采取由陆及海、由滨海到近海、由近海到远海依次推进的原则，加强以陆域为依托的滨海开发（海岸带）和以岛屿或人工构筑物为依托的近海开发。

（1）海岸带开发有东港、庄河沿岸，以及辽东半岛南部沿岸、辽东湾东部、辽东湾顶部（辽河三角洲）、辽东湾西部5个海岸带区域，共开发7类20个海洋资源开发利用基地：①大连综合海洋开发基地；②盘锦和葫芦岛两大油气开发石油化工基地（盘锦辽河三角洲岸滩油气开发与盘锦石油化工基地，渤海湾油气开发与辽宁石油五厂、六厂石油加工基地）；③辽东半岛南部海域和辽东湾（兴城、绥中海域）两大海洋农牧化基地；④金州、复州湾、营口和凌海四大盐业及盐化工业基地；⑤大连市区、庄河、瓦房店温坨子、营口鲅鱼圈、绥中高岭五大海水工业直接利用基地；⑥大连、丹东、锦州、营口、盘锦、葫芦岛六大沿海城市水产品深加工、海洋生物制药与功能食品工业基地；⑦以大连、营口为龙头，锦州、大东港和葫芦岛为两翼的港口海运基地，并争取将大连港建设为北方国际航运中心。

（2）海岛开发。长山群岛、菊花岛、大鹿岛、蚂蚁岛、蛇岛等（包括环岛海域）是辽宁海洋开发的重要部分，其开发可以向海洋的广度和深度发展。仅从海洋能够提供的生物蛋白总量来看，它是不能忽视的生产基地。因此，选择若干海岛充分发挥各海岛的优势海洋产业：①长山群岛以建设海洋牧场为主，同时发展海岛旅游业与海上运输业；②菊花岛主要发展海岛陆地农业、海岛旅游业和海洋水产；③大鹿岛开发以旅游和滩涂养殖为主；④蚂蚁岛以专门海参资源开发利用和养殖为主；⑤蛇岛作为旅游景点，要更侧重于保护蝮蛇资源，保护蛇岛生态平衡，保护蛇的生态环境。

（3）建立综合海洋经济开发区。随着辽宁海洋的开发和海洋经济的发展，可以成立一个新型的对外开放的综合海洋经济开发区，主要发展以下几项：①具备深水港、码头，成立商业船队和远洋捕捞船队，使其成为国际航运中心；②应用高新科技发展海水增养殖业，使其成为海水增养殖产品的加工和海产品出口基地；③具有旅游、康复、度假、海底世界以及海上公园观光的功能；④建立海洋工业区，使其成为盐化工业、海洋药物、海洋滋补功能食品的海水产品深加工基地；⑤建立万吨级大型油库和油运船队；⑥现代化港口城市建设，引进国际金融业，开发海洋产业的股票市场；⑦开展海上边境贸易，促进海洋第三产业发展。把海洋文化较好地融入滨海旅游业，海岛旅游作为新兴项目仍需进一步开发和深化，特色餐饮、交通运输等的发展仍需继续加强。

第二，转变观念，快速行动。重新梳理、定位，打造"霸主"地位的海洋产业。调整产业结构，加大新兴产业的投资力度。

（1）辽宁海洋产业的企业家、地方政府的相关部门应该转变观念，不等不靠，进行制度环境创新、产业环境创新、经营模式创新、经营理念创新、融资思路与渠道创新、投资方式创新以及人才引进方式创新。"最发达的国家必定站立着一大批更加伟大的私人企业，所有发展比较好的国家，它的经济载体、第一信号、第一表征一定是企业家或者企业。"①有了这样的理念，才会有所行动。"民营企业家学习，地方政府付学费。"这是江浙地区开创的民营企业家学习模式。民营企业家到北京大学、清华大学学习现代管理知识，由政府支付学费。辽宁已拥有的资源包括：学习资本市场理论与实践方面，有东北财经大学、东北大学、辽宁大学、大连理工大学；学习港口建设与管理、海上运输与管理方面，有大连理工大学、大连海事大学；学习水产品养殖管理等方面，有大连海洋大学；等等。政府相关部门的服务角色是学校与企业家之间的牵线人、组织者与监督者。同时，地方政府宣传部门可以组织海洋产业的相关企业家参观兄弟省市的对口企业与行业，找到标杆，看到差距与问题，明确辽宁相关企业的发展方向。辽宁省可以打造"辽宁海洋产业节"，"政府搭台企业唱戏"，让其成为辽宁的重要名片。"海洋产业节"每年可确定不同的主题，旨在扶持、宣传辽宁海洋产业、相关海洋企业，推介产品与普及海

---

① 引自《跨越百年的官商结合模式》一文，是奥地利学派的企业家理论。

洋产业的相关知识。

（2）辽宁是海洋大省，打造"蓝色GDP"是辽宁沿海经济框架的重要组成部分。因此，打造辽宁"霸主"地位的海洋相关产业，是迫在眉睫的大事。中国造船业旗舰企业在辽宁，辽宁应该从学习、合作到"引智"，引进人才，快速提升造船业的质量与技术水平；要充分利用日本、韩国、新加坡船舶业一切可利用的资源，引进技术与人员；进行企业并购或股权投资。辽宁的港口运输企业，"前有标兵，后有追兵"。秦皇岛港、天津港、烟台港、青岛港无疑均是辽宁港口企业的竞争对手。辽宁的港口企业，应该借助于辽宁沿海经济带、沈阳经济区的"东风"，充分发挥产业集群的区位优势、自然条件优势，健全港口主体功能，向专业化、大型化、集装箱化的现代化港口方向发展，生产经营泊位由通用型向大型化、深水化、专业化泊位转化，以满足新时期不同客户的需要；正确进行市场定位，全力加强货源组织和货源的重点开发，特别是大力发展集装箱业务。努力打造物流成本最低、速度最快、服务最好的产业形象，提高各港口的综合竞争力。省内发展，既要竞争，也要合作，错位发展，力争三大港口均迈入年吞吐量最大的港口行列。

（3）政府应该加大立法、执法与监管力度，发挥"看不见的手"的作用。对几百家海珍品企业进行管理知识、行业管理与竞争的宣传、普及是政府扶持民营企业的最好办法之一。鼓励海洋渔业企业间的并购与做大做强、强强联合，因为辽宁的海洋渔业在全国最具"霸主"地位。旅游业是辽宁海洋产业另一个应重点发展、资助的行业。辽宁滨海公路连接着旅游景点140余处，这是辽宁滨海旅游业的优势所在。如大连、营口，在全国范围内评选也是较突出的滨海旅游城市；拥有红沙滩的盘锦、拥有辽沈战役纪念馆的锦州、地处鸭绿江畔的丹东、辽宁省省会及重要工业城市沈阳等，都是较有特色的旅游城市。辽宁应该加强城市间的配合与联合，加大宣传力度，做好旅游城市定位，做好城市与文化的定位、城市与旅游资源的定位。充分利用有着"世界第一座情景式海洋主题乐园""世界第一座海底金字塔""世界第一个海底飞碟""世界第一个海底城市""中国第一个海底工作站""中国第一舞鲨场所""中国第一梦幻海豚湾超级水秀"之称的大连圣亚海洋世界这样的旅游资源。

第二节　河　北　省

　　河北省依托沿海区域，以科技创新和体制创新为动力，调整优化全省海洋经济空间布局，以海岸带为主要载体，依托港口建设，统筹沿海陆域、岸线和海域等要素资源开发与保护，推进生产力向海向陆双向辐射。

　　第一，统筹海洋产业发展和海洋资源的关系，提升海洋资源与海洋产业优化配置程度。统筹海洋产业发展，实施海洋产业战略联盟，依托港口建设，实施海陆一体开发。

　　（1）统筹产业发展和资源的关系，利用海洋，保护环境，促进沿海地区可持续发展，有效保护海洋生态环境健康。首先加快整合四大港口功能，形成布局合理、分工明确、优势互补的港群体系。其次依托沿海港口优势解决临港区布局大同小异、产业园区重复建设等问题，统筹规划和强化管理，制定港口、港区和城市的差异性产业协调规划区，把秦皇岛港建设成为集装箱运输大港，把黄骅港转变成为综合大港，把曹妃甸港建设成为能源运输大港，以此实现产业均衡和协调来促进经济社会全面、协调、可持续发展。另外，提高产业核心竞争力，加大高新人才的引进力度，对产学研项目进行激励，充分利用河北大学、河北工业大学、河北农业大学、华北电力大学等高校来帮扶企业建立博士后流动站，采取高校—企业互助方式来实现重点产业的研发、成果转化和推广。

　　（2）统筹海洋产业发展，实施海洋产业战略联盟。河北省沿海经济带的产业结构在保持第二产业所占比重不断上升的前提下，要努力提高第三产业的比重，加大服务业在港口建设中的作用。目前沿海三市工业项目先行发展、服务业跟进的局面已经逐步形成，在此基础上积极采取"腾笼换鸟"和"筑巢引凤"的方式，淘汰落后的产业，引进高技术产业，推进产业结构调整和产业结构优化；以港口为切入点来集中布局第三产业，组建秦—唐—沧沿海城市产业联盟，引导各工业区联动，串点成线，以轴连线来联合招商；通过团状城市布局的相互配合来打破路径依赖和产业依赖，以此来提高中心城市的整体带动功能。

　　（3）依托港口建设，实施海陆一体化开发。河北省具有优良的港口资源以及巨大的产业腹地，海陆一体化开发、"港口+产业带"将是河北省未来的基本经济格局。坚持海陆一体化开发的思路，加快港口建设步伐，带动河北省外向型经济发展。从发展的趋势来看,河北省最有潜力的是三个产业带:①以秦皇岛港、京唐港为依托,以京沈高速为骨架,以钢铁、建材、化工原料为主体的京唐产业带;②以天津港为依托,以京津塘高速为骨架的电子、软件开发、轻工、食品、机械为主体的京保津三角产业带;③以黄骅港和石家庄为依托的医药化工、食品为主体的石黄产业带。此外,围绕港口建设在沿海形成一个城市带。这三个产业带加上沿海城市带,将对河北省未来经济社会的发展产生巨大的影响,奠定全省产业发展的格局,这也是海洋经济带动作用的主要体现。

第二,在河北省海洋产业发展上,应以科技创新和体制创新为动力,大力调整海洋产业结构,优化沿海区域经济布局。

(1)要积极调整优化海洋产业结构,改造提升传统优势海洋产业,培育壮大海洋新兴产业,积极发展特色海洋服务业,不断打造竞争新优势。海洋渔业坚持以生态优先、养殖为主,养殖、增殖、捕捞、加工、休闲兼顾,着力打造沿海高效渔业产业带,建设河北特色海洋渔业体系。海洋交通运输业统筹推进秦皇岛港、唐山港、黄骅港三港码头、航道等设施建设,完善集疏运体系,有效整合河北省内港口资源,由能源大港向综合大港、贸易大港转变。要进一步加快滨海旅游产业聚集区建设,使滨海旅游资源不断向优势品牌、优势区域集中,使滨海旅游向差异化、联动化发展。海洋盐业要以盐化并举为重点,完善"盐—碱—氯、溴、氢"产品链,建设一批现代海洋化工产业园。

(2)要依托沿海区域,调整优化全省海洋经济空间布局,以海岸带为主要载体,统筹沿海陆域、岸线和海域等要素资源开发与保护,推进生产力向海向陆双向辐射,打造在全国具有重要影响力的沿海蓝色经济带。通过政策引导、服务促进等手段,推动秦皇岛、唐山、沧州三市分工协作、联动发展、整体崛起,形成带动河北省海洋经济发展的三个重点区域,以项目建设和软硬件服务能力提升为突破口,打造曹妃甸区、渤海新区两大海洋经济核心增长极,扶持一批具有战略支撑作用的海洋产业功能园区或产业基地,推进建设海洋经济发展示范区,打造"一带三区两极多点园区"的海洋经济发展新格局。

(3)实施科技兴海战略,以科技促进海洋经济的发展。推动海洋经济发展的最大动力是科学技术。要运用先进技术,保护和培植近海生物资源,提高远洋捕捞能力和海洋产品加工与综合开发水平,特别要利用生物技术,开发海洋保健食品和医疗药品,把其作为新兴海洋产业来抓,尽快形成产业规模。科技兴海的重点领域有:①海水养殖,在深化虾、蟹、贝养殖技术开发的基础上,重点发展海水鱼、海藻、盐田生物养殖技术；②海洋化工技术，重点发展海水提取钾肥、溴系二次产品加工、镁系功能材料合成、海水淡化、海水直接冷却等技术以及提升传统海盐产业的海盐结晶新技术；③海洋生物工程技术，包括海洋活性物质分离提取、海洋药物制备、海洋功能食品加工、水产品加工等技术；④海洋环境生态修复技术，主要为海洋污染物资源化治理及赤潮预报、调查与防治技术。

（4）大力调整海洋产业结构，优化沿海区域经济布局。具体包括：①海洋渔业总体规模应停止扩张，甚至适度收缩，海洋渔业要向产业化、规范化、集约化方向发展；②以港口及临港产业大基地、大项目建设为重点，大力发展化工业、电力工业、机电设备制造业；③以重大工程建设为龙头，通过科技进步，调整、改造、提升传统海洋产业；④加快发展旅游服务业，壮大海洋油气业、海洋服务业和海水直接利用业等新兴产业，加快进行海洋药物、海洋能的开发实验，逐步形成具有河北特色的海洋产业体系。

第三节　天　津　市

天津作为直辖市和中国北方最大的沿海开放城市，其海洋经济和海洋事业已成为城市总体发展战略的重要组成部分。天津应综合考虑各产业的优势和劣势，避免同质化的区域竞争，科学绘制海洋战略性新兴产业发展路线图，把握好"一带一路"建设机遇，利用资源环境倒逼机制，调整海洋产业结构，带动海洋产业升级，建立现代海洋产业体系。

第一，为更好地发挥天津的海洋资源优势，应积极发展特色现代渔业，海洋捕捞和海水养殖产业应朝着先进技术及先进管理方法的方向发展。不断提升海洋渔业的科技水平、管理水平和经济效益，实施纵深发展布局，加快构建现代海洋产业体系，推进海洋产业结构布局的优化。

（1）建议天津把创新重点落实到形成更具竞争力的产业优势上。加快海洋渔业、海洋船舶工业和海洋盐业等传统产业的绿色转型，深入推进信息化与各产业的协同和融合。加快培育海洋生物医药、海水淡化和海洋可再生能源等战略性新兴产业，鼓励特色产业、关联企业或配套企业向工业园区集聚，提升临海产业集聚度。

（2）实施纵深发展布局。按照天津市"双城双港、相向拓展、一轴两带、南北生态"和天津滨海新区"一核双港三片区"的布局要求，形成"一带五区两场三点"的海洋空间发展布局。"一带"是沿海蓝色海洋经济带，即在滨海新区的海岸带地区形成海洋产业集聚、海洋环境生态良好、海洋特色鲜明的海洋经济地带；"五区"是五大海洋产业集聚区；"两场"是汉沽北部海域和大港南部海域；"三点"是塘沽国家级海洋高新区、海洋文化公园、渤海监测监视管理基地三个海洋事业基地。实施海洋产业集中布局，以产业链为纽带，以产业园区为载体，形成若干集中使用海域的海洋产业集群。建成南岗工业区、临港经济区、港口物流区、滨海旅游区和中心渔港五大海洋产业区。立足滨海新区，依托环渤海，放眼全国，坚持海陆并举，努力将天津建设成为我国北方最大的现代港口和最大的现代化航运中心。充分发挥区域海洋资源优势，建立和加快以海洋化工基地、海洋石油陆上服务基地、海洋高新技术产业化基地和海洋信息与技术开发基地等为主的产业化基地建设，使天津成为海洋产业特色鲜明的全国经济强区。

（3）要"减工业化"，通过引入第三产业大项目、好项目来引领现代金融业、科技服务业、现代物流业、信息服务业、创意产业、休闲旅游业、服务外包业、会展业的快速发展，加快构建高增值、低能耗、低排放、强辐射、广就业的现代服务业体系，促进第三产业加快发展。"限工业化"，就是要严把大项目、好项目落户天津的认定标准，即不仅严格审核项目的产能、产值规模和技术水平，更应该审核项目的产业属性和资源环境影响的"产业准入门槛""能效门槛""环境准入门槛"，从而降低津城高能耗产业的比重。

（4）加快构建现代海洋产业体系。突出园区项目拉动、集聚高端产业发展，构建天津高端化、高质化、高新化的现代海洋产业体系：①优化海洋第一产业。以中心渔港为龙头，大力发展海水循环水养殖，打造工厂化养殖、远洋捕捞、精深加工、品尝观光的现代海洋渔业产业链，加快向都市型海洋渔业转变。②做大海洋第二产业。以天津北疆电厂为龙头，大力推广"海水工业冷却—海水淡化—浓海水制盐—化学资源提取—废料生产建材"循环经济产业链，实现海水淡化日产 60 万吨，加快建成国家海水淡化与综合利用示范城市。以临港经济集聚区域为龙头，打造船舶造修、海洋工程装备制造一体化产业链。以南港工业基地为龙头，加快打造"海洋石油开采—存储—炼油—乙烯生产—轻纺加工"循环经济产业链,实现海洋石油化工绿色低碳循环发展。提升海洋盐业水平。③做强海洋第三产业。依托天津港,建立物流网络体系,全面提升港口通关能力和服务水平,提高储运规模,加快开辟新航线,完善内陆无水港布局,扩大服务辐射范围。以滨海旅游区为重点,加快旅游项目建设,推进综合配套服务设施建设,开发精品线路,提升服务水平。以国家海洋博物馆为核心,建设海洋文化产业集聚区域,建立一批特色鲜明的海洋主题公园。开发海洋金融业务品种,探索建立专营服务机构。提高海洋经济信息服务业发展水平。

第二,抓住京津冀协同发展、"一带一路"建设、自由贸易试验区建设、自主创新示范区建设、滨海新区开发开放的机遇,加快推动天津海洋产业发展。

(1)构建海洋产业合作高地。抓住建设国家海洋经济科学发展示范区的重大机遇,以产业、科技、生态为重点,加快建设海洋强市。大力发展临海先进制造业、海洋石油、海洋化工、海洋旅游等产业, 形成区域特色鲜明的海洋产业集群。在国际远洋渔业、海洋资源开发、海洋科技、海洋环境生态保护、防灾救灾、旅游等领域加大重点面向东北亚的引资引技引智力度。

(2)积极推进海上合作和共同开发。以农业渔业、新能源、可再生能源、海水淡化、海洋高端装备制造、海上生物制药等为重点,尝试与东北亚合作建立一批海洋经济示范区、海洋科技合作园和海洋人才培训基地。探索构建立足东北亚、辐射亚太地区的国际海洋事务沟通协商机制和合作交流平台,使其在集聚海洋经济要素、贯通国际国内市场、整合海洋经济政策等方面发挥重要作用。

(3)着力打造一批以转变海洋经济发展方式为主线的重点项目,处理好区域间海洋产业布局的关系,合理确定不同功能定位和不同重点发展领域,形成错位发展,增强示范区的多元化示范效应。着重抓好海洋交通运输业、滨海旅游业、海水利用业、海洋工程装备制造业,集中优势形成品牌,做深做实做出规模,构建链条完善、技术先进、特色鲜明、国内领先的现代海洋产业体系,促进海洋产业规模化、集群化、高端化发展。

第四节　山　东　省

山东应以市场为导向,打破旧的海洋开发与管理体制的束缚,积极推动"一体两翼"模式下各区域内部以及区域之间的优势互补、合理分工与合作，正确引导沿海各地进行海洋产业结构调整，全面推动海洋产业布局的整体优化与协调，突出重点区域与重点产业开发，促进规模化的海洋产业集群发展，形成以优势海洋产业为龙头、完整和具有较高市场竞争力的海洋产业链，以此带动全省海洋产业的健康协调发展。

第一，"一体"沿海地区应积极培植优势企业集群，全面融入全球产业链并努力成为其中的重要组成部分。

（1）统筹海洋资源的利用。根据提高"一体"沿海地区"对外承接、对内带动"的要求，统筹考虑该区域各个沿海城市的海洋发展规划，制定"一体"地区整体性的海洋产业发展规划，对海洋资源统一管理、统一调配，提高海洋资源利用的综合性和多层次性，优化区域内的产业布局，避免区域内部由不当竞争和布局混乱所造成的损耗，努力实现资源价值的最大化，合力提升山东省整体实力实现新的突破。

（2）统筹开发资金的投放。合理安排资金的投放，大力支持有地方特色和比较优势的高附加值项目的快速发展，形成错位、互补式发展，避免重复建设。

（3）加大科技投入。促进建立科研院所的互通机制，避免沟通不畅、重复研究而导致的损耗；合理配置科技资源，加强烟台、威海、潍坊的海洋科技力量，优化青岛的科技资源；鼓励研究、开发利用绿色海洋能，促进该区域海洋经济的健康、可持续发展；完善相关海洋法律法规。严格用海管理制度，规范用海细则，加强用海监管，坚决惩治违规用海人员，保护海洋环境，保障海洋产业的发展。

（4）形成一批海洋经济强市（区）和产业聚集区、经济区，临海产业带、滨海旅游度假区达到一定规模。

（5）密切关注各个海洋产业发展的国际发展动态，积极引进具有世界先进水平的技术、设备和管理理念，努力提高承接海洋发展强国产业转移、融入全球产业链的能力。

第二，"两翼"沿海地区应充分发挥区域带动作用，通过与"一体"地区实现相关海洋产业对接来提升发展的效益和层次，加快"两翼"地区海陆整体发展速度，促进山东省经济社会的协调推进。

（1）通过海洋科技宣传、教育等途径帮助该区域解放思想、更新观念，全面认识市场经济规律对海洋产业的指导作用，推进政府职能的转变。调整产业结构，变粗放式增长为集约式增长，提高产品的附加值，提升产业结构。通过加大政策倾斜力度，取消过多的关卡、壁垒，形成适合该区域成长的宽松的政策环境，鼓励有良好发展前景的产业快速发展。提高海洋科学技术在各个海洋产业中的应用，以优惠的政策条件吸引、留住专业人才，努力实现该区域海洋产业的可持续发展。实现本区域海洋产业与"一体"地区相关海洋产业的联合发展，缩小区域间的发展差距。

（2）滨州、东营、日照应按照《山东省优势水产品养殖区域布局规划（2010—2015年）》，积极融入"山东海岸健康养殖带"，采取与其他地区不对称发展的思路，建立特色渔业区。日照港是"南翼"地区的主要港口，具有优越的地理区位、广阔的腹地和良好的建港条件，与"一体"的青岛港、烟台港均为山东地区的主要枢纽港。应围绕日照港建设临港综合经济区，以港兴市，以港带区。日照港应在巩固我国北方地区能源、原材料中转运输口岸及集装箱支线港、山东地区主要枢纽港地位的基础上，以煤炭、矿石和原油等大宗散货中转运输为主，兼顾集装箱等其他运输，建成综合性的现代化大港，形成东北亚国际航运中心的骨干。在进一步巩固新亚欧大陆桥东方桥头堡地位的基础上，积极开拓沿线地区运输市场。积极开展港口中转、储运、货物联运和代理业务，建立综合配套的中转服务体系；与临沂大型批发城相呼应，加快建立日照大型进口商品经销和中转基地。积极开展前期工作，加快建设日照精品钢铁基地。

（3）江苏"一体"沿海城市（青岛、烟台、威海、潍坊）位于黄河三角洲地区，要以发展高效生态经济和绿色产业为主导，实行保护性开发，走可持续发展之路。继续加快石油与天然气的勘探开发步伐，实现该省海上油气资源开发的新突破；充分发挥油气资源和海洋资源优势，重点发展石油化工、盐化工和海洋化工、农用化工、精细化工，扩大高附加值产品的比重；充分发挥黄河三角洲地处环渤海经济圈中心、北接京津冀、南连胶东半岛经济带的地理位置优势，加快基础设施建设，实施港口扩建工程，构架大交通网络格局；强化渔业资源可持续发展，实现滩涂贝类资源的农牧化经营和海水养殖的规模化、集约化生产；保护好草地、湿地、动植物繁衍和栖息地等自然生态系统，保护好生物物种多样性；规划好不断增加的后备土地资源的开发模式，按照现代化大农业的要求，走大规模、高科技、机械化、综合性、生态化的开发路子，并为区内其他各市发展用地的占补平衡提供空间。

（4）融入"阳光海岸带黄金旅游区"。"南翼"的日照市应进一步完善旅游业发展规划，积极整合优势资源，在山东省发展沿海地区一体化旅游的大好形势下，走大联合、大开发、大市场的路子，同时，注重突出本地特色，努力把本区域的滨海旅游业做大做强。具体而言，该区域应以"海滨生态市，东方太阳城"为主题，重点开展中国北方最有魅力的太阳之城滨海民俗和避暑度假游，着重发展四季海滨度假游、刘家湾赶海沙滩、莒县山地峡谷等旅游项目。同时，借承办国内外大型水上运动的契机，努力提高城市知名度，进一步建设水上运动基地，提高旅游特色和品质。"北翼"地区应依托本区域的特色旅游资源，突出"神奇黄河口、生态大观园、梦幻石油城"这一主题，发展母亲河观光、滨州贝壳堤旅游、湿地生态休闲和油田工业旅游。保护与开发并重，着重加强黄河口和三角洲国家自然湿地保护区的综合开发，发展生态旅游业。

第五节　江　苏　省

江苏沿海位于我国沿海地区中部，是我国沿海、沿江、沿陇海线生产力布局主轴线的交汇区域。要从政策层面对海洋产业发展提供支持，拓宽融资渠道，加大资金投入力度，制定相关产业优惠政策，为江苏海洋产业规模扩展和效益提升创造良好的宏观环境。

第一，提升海洋新兴产业在海洋经济中的比例，促进价值链升级和产业集聚。企业通过技术升级和科技创新，提升自身竞争优势和核心竞争力，促进海洋产业结构优化升级。

（1）提高海洋产业规模化聚集水平。江苏海洋产业的优化升级，一方面要通过科技创新推动海洋价值链向高度化攀升，另一方面要将海洋产业价值链向市场的深度化延伸。产业集群对产业的技术创新和市场深化具有重要的推动作用，是产业可持续发展的重要形态，因此江苏应该着力在沿海打造几个规模和水平位居世界前列的现代化临海产业基地，形成若干具有国际水准的临海产业集群，通过产业聚集效应、规模效应来推动海洋产业价值链的凝聚和升级。连云港地区重点发展石化、能源产业，着力打造形成沿海重化工产业集群。盐碱地区重点发展海洋生物工程、海洋保健食品和药品、深水养殖等高新产业，力争打造出一个全省最大、全国重点的海洋生物产业集群。南通地区重点发展海洋船舶、海洋工程和海洋装备制造业，打造现代化的海工基地。

（2）提升海洋科技创新和成果产业化水平。目前江苏海洋产业结构的主要问题是高新海洋产业发展缓慢，所占比重过小，传统海洋产业仍占据主导地位。当今世界海洋产业正逐步向技术密集型和资本密集型转化，以海洋油气、海洋生物医药、海洋电力、海水利用为代表的高新海洋产业日益成为发展的主导和方向。江苏海洋产业的进一步发展，必须以技术提升为主导，走科技兴海之路。要加大科研投入，改善科研环境，提高技术创新能力和成果转化能力；要建立海洋科技发展与产业化结合的协调机制，推进海洋科技—产业—经济一体化进程。要使江苏海洋产业中的"三高"（高人力资本含量、高技术含量、高附加值）与"三新"（新技术、新业态、新方式）特征得到大幅度提升。具体包括：①要加大对海洋科技研发和海洋科技转化平台的投入，为提升海洋产业科技创新水平提供平台支撑；②要大力推动涉海产业和企业价值链整体升级，鼓励产学研一体化合作，通过行业协会等组织提升科技和市场的共同支撑力；③要建立科技成果转化与推广应用的优惠和奖励机制，对创新型企业提供实质性支持，提高海洋企业科技创新的活力和积极性。

（3）建立高端化海洋产业示范基地。由江苏省政府和沿海各市以拨款和集资相结合的方式建立发展基金，针对江苏省现有海洋主导产业特点和未来发展方向，建立特色海洋产业科技发展示范基地，培育高新技术产业集群和面向未来的主导产业，包括海洋工程产业基地、海洋生物化工基地等。同时设立政府主导的海洋产业协会，在海洋企业与相关科研部门之间搭建技术、产品和市场信息方面的桥梁，使得研究成果商品化和产业化，尽快融入国际产业价值链的大循环中。

（4）加强沿海港口建设，带动海洋经济全面发展。对于区域经济发展来说，港口是腹地范围内的一个特殊区位点，它可通过运输功能加强中心城市与腹地之间的交通联系；对于海洋产业发展来说，港口建设是促进产业升级、实现海陆一体化发展的重要动力。江苏海洋产业的发展，要以港口崛起为引擎，高起点规划建设沿海物流产业并以此为据点推动沿海经济带整体建设。要重点建设以连云港和南通港为依托的大型物流园，为港口物流集散、货物处理和简单加工提供场所。北部沿海加快建设连云港第五代集装箱船泊位，完成10万吨级深水码头和航道改造工程，致力于打造年吞吐量超亿吨的苏北、鲁南最具竞争力的区域性国际物流中心；南通港要重点建设一批万吨、5万吨级以上泊位，发展江海联运，建成以大宗散货中转及集装箱运转为主的多功能综合性港口；江苏中部沿海地区要优化港口资源配置，积极开发大丰港、射阳港、吕四港等中小港口，形成沿海港口群整体优势。

第二，对江苏海洋产业发展的立地条件进行系统分析，提出江苏海洋产业空间布局的分区优化方向。

（1）北部产业区。北部产业区，即连云港地区。重点布局海洋渔业、海洋盐业、海洋生物医药、海洋化工和海洋交通运输业等。其中，赣榆县要充分发挥原有优势，主要布局海水养殖、海洋捕捞、海洋水产品加工、海洋生物医药、海洋化工等海洋优势产业。以海洋食品、海洋医药、海洋化工等高科技产业为主，形成海洋资源深加工的产业集群。连云区海洋化工的立地条件和发展基础较好，应与赣榆县形成联动开发之势，重点布局海洋化工业、海洋船舶工业、海洋油气业等大型临港工业。灌云县和灌南县应利用灌河航道和公路交通便利的条件，整合港口资源，发展海河联运，依托港口大力发展海洋电力业、海水产品加工业，形成新的产业集聚区。东海县的海洋渔业在沿海地区仍具有一定的比较优势。

（2）中部产业区。中部产业区，即盐城地区。重点布局海洋盐业、海洋化工业和滨海旅游业，缩减海洋渔业的发展空间。响水县与滨海县依托自身优越的盐业发展条件，做大做强海洋盐业。中部产业区应利用两地海洋盐业的产品优势，以港口为龙头，以能源、化工等临海工业为支柱，积极发展海洋盐业、海洋化工业，各县区要注重化工业内部的分工与协作，延伸产业链条，形成特色产业。射阳县、东台市与大丰市应立足已有产业基础，发展滨海旅游业及相关的海洋科研服务业，并逐步向海洋生物医药、海洋化工方向发展。东台市与大丰市的海洋渔业现阶段具有一定比较优势，然而为避免其对更具发展优势的海洋化工业和滨海旅游业产生阻碍作用，应适当缩减生产规模，降低其在当地海洋产业中所占的份额。

（3）南部产业区。南部产业区，即南通地区。重点布局海洋渔业、海洋生物医药业和海洋交通运输业。各县区应立足已有发展基础，优化海洋渔业结构，鼓励发展水产养殖与水产品加工业，巩固提升海洋渔业层次。同时，围绕海洋渔业，集中布局以海洋水产品为原材料的海洋生物医药和海洋功能保健食品的研究开发。如东县和启东市分别依托洋口港和吕四港的港口资源优势，加强港口基础设施建设，布局海洋船舶工业、海洋交通运输业，积极促进海洋交通运输业的快速发展。

第六节　上　海　市

上海海洋产业发展应在现有三大优势产业的基础上进行结构调整、优化和提升。以第二产业为突破口，重点发展海洋船舶工业、海洋工程装备等先进制造业，加快培育海洋新能源、海洋生物医药等战略性新兴产业。完善第三产业服务水平，发展更具特色的滨江临海生态旅游业，建设优化现代航运集疏运体系，加快发展现代航运服务体系。立足航运产业，推进现代物流业、海洋金融业等高端海洋服务产业，逐步形成以交通运输业、航运服务业、滨海旅游业、海洋船舶工业和海洋装备制造业为支柱产业，以海洋金融服务业、海洋生物制药、海洋能源产业和现代海洋渔业为先导产业的新格局。

第一，上海海洋产业仍需深化产业结构改革，提升科技含量高、增值性强、附加价值高的海洋产业发展水平，积极培育海洋交通运输业、航运服务业、滨海旅游业、海洋船舶工业、海洋工程装备业、海洋金融产业、海洋能源产业的纵深发展。

（1）海洋交通运输业。中短期内仍以洋山港物流产业区和外高桥临港产业区为主体。在洋山港加快集疏运体系建设，扩大其港口吞吐能力，优化运输资源配置，促进海陆联运、江海直达。在外高桥围绕集装箱运输体系，进一步发展其相关的港口作业、保税业务、航运交易、船舶供应、仓储分拨、陆上交通等行业。从长期来看，按照长江口亚三角洲体系的构想，未来建成的海上人工岛必将成为上海国际航运中心的主体枢纽港，并带动上海港口群的整体竞争力的提升，成为优良要素集聚、体系完善、面向世界的亚太枢纽港和高端国际航运服务中心。

（2）航运服务业。航运服务业主要集聚于以下几个区域：①陆家嘴海洋金融区，主要提供海运相关金融服务，重点发展船舶投融资、二手船舶买卖、海运资金结算、海上保险等辅助服务，以及开发航运产业基金、航运指数期货等金融产品，形成航运高端产业链；②虹口北外滩航运服务业区，重点培育航运中介、仲裁公证公估、海事服务以及航运法律、信息、咨询、经纪、会展等服务机构，建立中国船员专业人才市场和船舶经纪人资质信用评估机构，并在游轮经济发展上侧重旅游组织的核心功能，发展面向广大客源的旅游服务；③宝山航运经济发展区，重点依托吴淞口国际邮轮港，积极发展邮轮经济，包括提供邮轮进出、靠泊、人员上岸、离岸服务以及邮轮维护、修理、建造等相关配套产业，同时围绕北部物流中心建设，发展以航运货运代理、报关、船代、物流服务等为主体的航运相关服务业；④临港航运人才服务区，主要依托上海海事大学、上海海洋大学两所涉海专业大学的优势，发展航运教育，培养航运服务人才，形成专业人才培训产业，并强化航运中心咨询与科研等科技服务功能。

（3）滨海旅游业。挖掘和延伸海洋文化的内涵。开发海洋主题旅游项目和滨海生态旅游项目。在虹口区、宝山区依托外滩邮轮产业，形成包括国际客运、邮船、游艇的涉海旅游服务产业的聚集点。在浦东滨海地区依托洋山港区、东海大桥、临港新城滴水湖等旅游景观和上海迪士尼度假区，形成具有海洋文化展示、农家乐旅游、滩涂生态旅游和滨海休闲旅游功能的度假区。在崇明岛加快旅游景区开发，形成以东平国家森林公园、西沙湿地公园、明珠湖等为主体的崇明生态滨海旅游区。其中，崇明东平国家森林公园和东滩湿地、横沙岛、奉贤海湾、南汇嘴滨海和浦东华夏文化旅游区等五大区域，将成为上海市滨海生态旅游的又一新亮点。

（4）海洋船舶工业。依托上海外高桥造船有限公司、江南造船厂、沪东中华造船厂、上海船厂等大型船舶修造企业，以及长兴岛造船基地、外高桥造船基地二期、崇明修造船基地和临港修造船基地，重点突破高端船舶制造。一是进行三大主力船型（大型散货船、大型集装箱船和大型油船）的大型化开发；二是进行高技术、高附加值船舶（如液化天然气船、大型液化石油气船、邮轮、游艇等）的设计，打造具有竞争力的市场。

（5）海洋工程装备业。在长兴岛和临港产业园区重点发展三大系列海洋工程装备制造产业。海洋油气装备制造抓住中国海洋石油总公司、中国石油天然气集团公司、中国石油化工集团公司三大公司均将战略重点由近海油气资源开发转向深海，积极研制海洋石油钻采平台、浮式生产储油装置（FPSO）、大型原油轮（VLCC）等海油装备，形成海洋石油采、储、运成套设备的制造能力；海工船舶制造可依托上海振华重工、上海港机重工等行业龙头企业，发展海上大型浮吊、铺管船、挖泥船、抛石平整船、风电设备安装船等大型海洋工程船制造，形成海工船舶的重要生产基地；海洋配套装备制造要充分发挥上海在船舶工业所需的钢铁、化工、动力、机械、电器、自控、通信、仪表等行业的优势，重点发展为海洋工程装备建造配套的船用机电仪设备的研发和制造，在船用柴油机和船用通信、导航、自动化系统和仪表等产品上形成强势竞争力。

（6）海洋金融产业。上海从事海洋金融业务的主要是一批集中在陆家嘴和北外滩区域的金融机构。其中，由中国银行等大型商业银行、江浙的中小银行（如浙江银行）和少数航运上游产业链的货主企业（如中国石油化工）从事船舶融资业务。从融资渠道上看，目前市场化运作、民间资本参与的程度不高，涉及的服务门类和产品种类并不丰富，上海高端航运金融服务产业仍有巨大的发展空间。

（7）海洋能源产业。以上海市浦东新区和金山、奉贤区为主，重点发展海洋油气开发和风电产业。研发海上油气的勘查、钻探、开采、集输、提炼的关键技术及海洋风能、潮汐能等清洁能源的开发技术。加速东海油气勘探，尽快探明更多储量的油气。延伸金山、漕泾石化产业链，推进海洋精细化工示范基地建设，打造生产装置一体化、废弃物处理一体化、管道传输一体化、专业化服务一体化的海洋化工循环经济产业园区——金山海洋化工集聚区。

（8）海洋生物医药业。上海市虽然拥有强大的生物医药研发及生产能力，但目前上海海洋生物医药产业规模较小，产值也较低，"蓝色医药"行业的巨大潜能亟待开发。具体包括：①发挥上海实业医药投资股份有限公司（简称上实医药）等国家重点医药企业的带动作用，形成张江海洋生物医药产业区；②依托中国科学院上海生命科学研究院等一批国内领先、国际一流的生物医药科研机构，推动生物活性物质、海洋药物产业化以及海洋微生物资源利用等技术成果转化；③利用崇明大片水产养殖场的优势，创建渔业水产类院校的实习实验基地和水产品深加工基地，打造崇明"药岛"；④立足上海生物制药产业高水平的研发团队和一流的科研机构，发挥上海国家生物产业基地作用，加大投入和扶持力度，加强抗肿瘤、抗病毒、抗真菌、抗心脑血管病、抗艾滋病等海洋生物医药的开发研究，形成一批具有自主知识产权的海洋中成药、海洋生物制品和海洋保健品，增加海洋生物医药业在海洋产业和生物医药业中的比重。

第二，建设优化现代航运集疏运体系，加快发展现代航运服务体系。利用建立国际航运中心综合试验区的有利条件，大胆创新、先行先试。大力促进航运金融服务体系的发展。积极构筑邮轮经济产业链。

（1）尽早在综合实验区内探索试验第二船籍港、启运港退税、离岸金融、集成化共享信息平台建设等，借鉴境外航运中心的经验，营造适合我国的国际航运中心制度环境。

（2）现代航运服务业的重要标志是航运金融业。航运业是资金密集型行业，对金融服务需求量大，如资金的结算、船舶保险、货物保险、融资方式以及由航运衍生的金融产品的开发等。这些金融业务专业性非常强，又易产生金融风险，对制度和法律环境的要求高。因此，可以借鉴伦敦、汉堡、纽约等船舶融资业务中心的经验，加快航运金融服务体系及金融制度建设，以支撑国际航运中心的建设和完善。

（3）着力利用上海及长江三角洲地区旅游资源，吸引国外邮轮公司将上海作为母港，增强上海邮轮产业经济规模。同时，大力挖掘其延伸产业，打造邮轮城，使休闲、娱乐、餐饮等行业集聚邮轮城，让邮轮旅游业衍生出一个更大的经济体，使邮轮旅游业在上海国际航运中心建设中扮演更重要的角色。

第七节　浙　江　省

浙江发展金融业，逐步形成以上海、宁波和舟山为主体，以温州、台州沿海地带和杭州湾为两翼，以港口城市和主要大岛为依托，以三大对接工程为纽带，促进海洋资源和区域优势紧密结合，形成海洋产业与陆域经济相互联动的布局体系。

第一，金融发展促进海洋产业结构优化。通过资本形成机制、资本导向机制、信用催化机制促进海洋产业结构合理化，通过技术创新机制和产业选择机制促进海洋产业结构高度化。

（1）充分认识金融支持对于海洋产业结构优化调整的积极意义。明确金融支持海洋产业结构优化调整的重点在于支持传统海洋产业的改造，扶持海洋新兴产业和高科技海洋产业等的发展。

（2）拓宽海洋产业融资渠道，扩大涉海产业投入规模。鼓励和支持涉海企业利用证券市场直接融资，支持海洋产业中符合条件的企业在银行间债券市场发行短期融资券、中期票据等债务融资工具，鼓励银行、信托、财务、担保、创投等机构加强合作，引导各类社会资金支持海洋产业融资，多渠道扩大海洋产业发展的融资池，从而满足涉海企业转型升级的资金需求。

（3）提高金融服务效率，完善金融服务体系。建立适合海洋产业融资特点的专业化管理模式和业务流程，简化涉海产业信贷审批手续，提升金融服务效率；要逐步形成政策性金融、商业性金融、合作性金融和新型金融服务组织互为补充的多元化金融服务体系，从而为海洋产业结构优化调整提供多层次的金融服务。

第二，从海洋资源环境约束探索性提出浙江沿海各市海洋产业结构调整战略及布局优化策略。

（1）宁波、舟山海洋产业结构与布局优化策略。宁波、舟山地处浙江东北部，海洋资源环境基础为浙江最优，又是浙江海洋经济发展示范区的核心区，应依托优势，发挥宁波—舟山港口的规模效应，实现宁波、舟山两市的海洋产业的岛陆统筹发展与一体化发展。①宁波海洋经济位居浙江之首，然而其海洋产业结构不合理，严重阻碍了海洋资源环境基础开发利用的潜力，应大力发展以港口航运为核心的现代海洋服务业、滨海旅游业等第三产业，逐步淘汰高污染、高能耗的海洋产业，实现产业转型升级。②舟山海洋资源环境基础虽位列浙江第一，但其海洋经济发展程度相对滞后，应转变思想观念、改善基础设施，吸引外界资金、技术、人才，以其特殊的海岛资源环境优势，大力推进港口大产业发展，努力打造海上花园名城。

（2）温州、台州海洋产业结构与布局优化策略。地处浙江东南部的温州、台州，与台湾隔海相望，其海洋资源环境基础虽次于舟山、宁波，但仍可打造成浙江海洋经济发展的南翼核心区，且应主攻滨海新城、沿海民营海洋产业集聚区。①温州应加强政策扶植力度并积极引导民营资本注入海洋经济的发展，培育海洋科技力量，推进"一港三城"建设，加大港口物流业、现代海洋渔业等产业投入，着力发展海水利用、海风发电产业等。②台州渔业资源居浙江首位，但过度开发造成资源严重衰退，应实行海洋循环经济模式，对包括渔业资源在内的各种海洋资源加以集约利用。此外，应加大资金、科技投入力度，推进水产品加工业、现代远洋渔业、船舶修造业等优势产业的发展。

（3）嘉兴、杭州、绍兴海洋产业发展优化策略。地处浙江北部的嘉兴、杭州、绍兴，海洋资源环境相对贫乏，然而可依托临近上海和杭州两个海洋科技中心区位优势，先行发展新型海洋工程装备业及新兴海洋产业。①嘉兴港口资源优势相对明显，应大力建设嘉兴港，发展与之相关的海运业，重点发展配套临港工业，如临港电力工业、临港出口加工业等。②杭州海洋资源相对匮乏，但在海洋科技人才和力量、产业联动、基础设施等方面具有显著优势，应发挥浙江省海洋科技人才优势，与省内其他沿海城市的海洋经济发展对接，着力打造优势海洋现代服务业、海洋高新技术产业、海洋工程业等。③绍兴海洋资源相对匮乏，但内河航运资源优势突出，应依托内河航运，支持港航物流，重点发展以高新技术产业为导向的现代化海洋产业，如海洋生物医药业、新型先进临港制造业等。

第八节　福　建　省

福建要适当调整海洋三次产业的比重，因地制宜，统筹发展，研发新技术，开发新能源，重视海洋新兴产业的发展，并且发挥海洋第三产业的拉动力，充分发挥海峡、海湾、海岛的区位优势。抓住我国大型重化工业布局向沿海转移、国家支持海峡西岸经济发展的历史机遇，以延伸产业链和提高产业配套能力为切入点，以工业园区为载体，实施项目带动、优化空间布局，重点培育发展石化、冶金、电力、船舶修造、海产品加工等临港工业以及海洋新兴产业，构建产业集聚明显、产业重点突出、分工布局合理、产业竞争力强的现代海洋产业体系，建设海峡西岸经济区先进制造业的重要基地。

第一，充分发挥福建省沿海独特的区位、港口、港湾优势，推进港口区、工业区、城市群互动发展，构建"一轴六基地"蓝色产业带。

（1）三都澳蓝色产业带。以三都澳经济开发区、福安经济开发区为主体，发挥电机电器和船舶修造等工业优势，加大赛江沿岸船舶修造企业整合力度，目前已引进大唐火电厂和冷轧矽钢片、精密铸造等项目，临港工业规模初现端倪。

（2）罗源湾蓝色产业带。罗源湾位于福州东部，随着港口的开发建设，以白水、松山和大官板围垦为载体，目前已建成华电、鲁能、亿鑫、三金、德盛镍业等一批龙头企业，初步形成以能源、冶金、机械为重点的临港工业。

（3）兴化湾蓝色产业带。依托福州江阴经济开发区，吸引国电集团、福抗药业、丽兴医药、建滔化工、美斯特凯尔医疗器械等一批龙头企业，已初步形成以医药化工、能源、机械为重点的临港产业。重点布局兴化湾江阴精细化工、能源工业区，依托江阴港口及其深水岸线资源，在江阴经济开发区重点布局机械加工、精细化工、电力能源等临港产业。加大招商引资力度，着力推进福清洪宽台湾机械工业园区建设。

（4）湄洲湾（南北岸）蓝色产业带。目前，湄洲湾（南北岸）以"炼化一体化"项目为龙头，集聚了福建炼化、氯碱工业、海洋聚苯树脂、华星石化、泉州船厂、南埔电厂、佳通轮胎、湄洲湾电厂、LNG 接收站等一批临港工业项目，初步形成了以石化为重点，能源、船舶、木材加工业同步发展的临港工业格局。重点布局湄洲湾石化工业区、湄洲湾斗尾船舶工业区、湄洲湾林浆纸及木材加工业区。

（5）厦门湾蓝色产业带。目前，厦门湾已集聚了翔鹭石化、翔鹭化纤、腾龙树脂、正新橡胶、厦船重工、金龙汽车、嵩屿电厂、后石电厂、诺尔港机、漳州中集、凯西钢铁等一批临港龙头企业，初步形成了环厦门湾工程机械、船舶、汽车、能源工业为重点的临港工业发展格局。重点布局厦门湾装备机械工业区、厦门湾船舶工业区。

（6）东山湾蓝色产业带。依托古雷 20 万吨级深水岸线资源，以古雷港经济开发区为载体，发展石化中下游产业、冶金工业、建材工业和其他新兴产业。重点布局东山湾石化工业区、东山湾冶金、建材及其他新兴产业区。

第二，要充分发挥独特区位和港口优势，根据港口功能定位，科学布局临港重化工业、海洋新兴产业，重点发展石化、船舶、装备机械、冶金、浆纸及木材加工、能源等临港工业以及海洋新兴产业，构建布局合理、特色明显、重点突出、分工协作，对全省产业发展具有较强辐射带动作用的临港产业基地。

（1）海洋石化业。按照"基地化、大型化、集约化"原则，以炼油为龙头、以乙烯等石化项目为核心，在沿海布局建设临港石化工业基地，发展石化中下游产品，延伸石化产业链，合理布局临港石化产业，加快湄洲湾、漳州古雷两大石化产业基地建设，促进产业集聚。

（2）船舶修造业。发挥发展船舶修造业得天独厚的地域优势，优化四大船舶集中区，建成六家符合现代造船模式的年造船生产能力 100 万载重吨以上的现代造船总装厂（厦船重工、马尾造船新厂、华东船厂、冠海造船公司、泉州船厂、福安白马工业园区），建成三个船舶配套园区（漳州、泉州、福安）、三个游艇工业园区（厦门、龙海、漳浦）、两个船舶拆解集聚区（福安、龙海）、一个船舶交易市场（福安），形成造船、修船、船舶拆解、游艇、船舶配套等同步发展的船舶产业格局，建成国内有影响力的修造船产业基地和游艇制造业基地。

（3）装备机械业。提升工程机械、电工电器、环保设备等优势产业地位，推进闽台机械装备产业深度对接，重点推进闽江口、湄洲湾、厦门湾等区域为主的闽台装备产业对接区的形成，培育发展闽台机械产业对接专业园区；加强与台湾有关同业公会、企业的沟通联系，发挥台湾机械装备的技术及市场优势，重点推进台湾电机、数控机床、农业机械、木工机械、食品机械、纺织机械等产业转移和对接。

（4）冶金建材产业。发展新型金属材料产业，重点发展不锈钢和板材类优质钢冶炼及加工，延伸有色金属合金、复合材料、节能材料和环境友好材料的研发和产业化产业链，加快发展钢结构等新型建筑与装饰材料，形成我国重要的金属加工及制品产业基地。

（5）林产加工业。依托莆田石门澳、东峤临港工业集聚区，加快建设木材加工区，带动木材贸易发展，形成全国最大的现代化木材加工、贸易、集散中心；加快推进沿海林浆纸一体化项目和以进口木片、废纸、浆板为原料的浆纸项目建设，推进木材、竹材精深加工和高端林产精细化工产品生产，推广资源节约型、环保型的各类纸制品和新型纸基复合包装材料，建成全国主要的林产加工基地。

（6）港口物流业。推进沿海港口资源整合，加快港口集疏运体系建设，强化港口物流节点功能，重点建设海峡西岸北部、中部、南部三大港口群；做大做强物流企业，建成以港口带动远洋航线班轮、集装箱多式联运发展的格局。积极构建闽台物流合作前沿平台，加强两地临港物流园区交流对接，整合港口资源，发挥福州、厦门、泉州对台直航、保税港区、保税物流园区、产业集聚区等资源优势，加快建设连接海峡两岸的现代物流枢纽中心。

（7）海洋生物医药业。利用本地丰富的海洋生物资源，发挥厦门大学、国家海洋局第三研究所等科研单位的优势，加强与台湾生物医药领域的合作交流，重点发展海洋糖工程、蛋白质工程、海洋生物毒素和海洋微生物活性物质等海洋生物药源的海洋生物医药产业；加强海洋生物技术与下游产业的衔接，在厦门、泉州、福州等地建设海洋生物医药和保健品研究开发生产基地，形成以海洋生物医药技术为核心的产业集群，培育海洋生物产业化生产与应用示范基地。

（8）海洋能源产业。利用良好深水港条件，引进煤炭、石油、液化天然气等省内外能源资源，建设能源储备中转基地，促进能源结构多元化。合理布局大型港口火电厂和核电站项目，优化沿海煤电，建设大型港口煤电；改善电源结构，鼓励开发海洋可再生能源，在沿海地区和海岛地区建设风力发电站，推进平潭、莆田、漳浦等沿海大型风电项目建设；加强两岸海洋新能源合作，有序推进潮流能、海洋藻类能、潮汐能的开发。

（9）海洋资源利用业。加大海洋能源、油气资源勘探力度，引进相关开发技术，提升开发层次和效益，变潜在资源优势为经济优势。积极研究以膜法为主的海水淡化技术，推进海水综合利用技术，建设海水淡化、海水洁净、海水处理示范工程；利用淡化处理后剩余的高浓度海水，积极发展制盐、提钾等海洋化学综合利用产业。积极开发海水化学资源和卤水资源及深加工，推进盐业改造提升，发展海盐及海洋化工业，重点发展钙盐、镁盐、钾盐、溴和溴系列加工产品。

（10）海洋信息服务业。依托海洋信息服务公共平台，利用现代通信高技术成果，建设海洋数据库，实现海洋资源、环境、经济和管理信息化。以园区、产业基地、项目组团建设为载体，完善科技研发、金融服务、行业中介等公共服务平台建设，促进海洋产业集聚，推动海洋产业跨越式发展。

第三，结合福建省海洋经济发展实际，着力推进海洋经济发展试点省工作，突出先行先试和海洋特色，编制海洋经济发展试点省建设规划，确定海洋产业发展定位和目标措施，争取国家部委相关配套扶持政策，推动海洋经济的跨越发展。

（1）创新招商引资机制。在新一轮临港产业发展中，要瞄准产业起点高、科技含量高、产业关联度大的项目进行招商，增强"存量招商""龙头"项目招商观念，实现投资项目的滚动发展。要抓住沿海产业发展机遇，充分发挥港口资源优势，强化集约项目招商，提高招商引资的质量与效益。要创新项目招商机制，建立重点项目库和招商引资项目库，全面实施项目滚动发展和跟踪落实政策，采取专题招商、以商招商、网上招商等多种方式招商。要发挥福建省对台"五缘"优势，推动闽台产业深度对接，主动承接台湾石化、船舶、机械、冶金等产业转移，积极推进产业配套，打造海峡两岸产业互动合作新局面。

（2）引导产业集聚升级。要强化产业链研究，按照"大项目—产业链—产业集群—制造业基地"的发展思路，着力培育与引进一批投资规模大、技术含量与附加值高，以及对主导产业具有较强辐射、带动作用的临港产业项目。为此，要结合各临港产业发展区域，培育相应的产业集群，发挥重点项目对延伸产业链、推动工业园区建设、促进产业集聚、带动周边地区中小企业发展的功能，提高工业园区产业规模；要精心组织临港投资项目的实施，科学谋划一批重点投资项目，做好项目的跟踪、分析、协调、服务；要创新项目带动机制，建立健全科学决策机制、项目目标责任制、项目生成和推介机制、项目监督制约机制等，提高临港工业投资项目履约率。

（3）加强海洋产业发展平台建设。人才、资金、技术等生产要素的合理流动与优化配置，是临港产业发展壮大的需要。要根据国家产业政策、技术政策，结合福建省沿海实际，制定具体的扶持、鼓励临港产业发展服务平台建设的措施：一是构建技术创新平台，依托科研院所、工程技术中心、国家重点实验室，扶持一批产业技术研发和推广基地，提高临港工业、相关企业的科技创新能力；二是构建工业园区平台，实现园区建设与品牌建设有机结合，促进产业结构的优化与升级；三是构建融资服务平台，健全中小企业信用担保、融资担保与再担保机制，为临港工业发展提供资金支撑；四是构建市场营销平台，突出抓好各类会展资源的整合与共享，拓展临港工业市场发展空间；五是构建人才集聚平台，根据临港工业发展需要，加快培养和引进一批高素质的专业人才，完善人才柔性流动机制、收入分配制度和社会保障体系，构筑人才高地。通过服务平台建设，促进临港工业和临港服务业相互结合，形成组合优势，共同打造先进制造业基地。

（4）推进海洋新兴产业发展。加大海洋科技投入力度，针对当前海洋经济在生产、研发中急需解决的关键技术和瓶颈问题，开展科技攻关与研发；强化海洋科技项目研发，促进科技成果转化。要在较高的起点上推进海洋能开发与利用，推进风能规模化开发；鼓励和引导海水综合利用，建立新型海水利用循环经济；积极建设海洋科技实验基地及研发平台，推动建立国家南方海洋科研中心，加大力度投入海洋药品和保健食品、海洋能源资源开发利用、海水综合利用等新兴海洋高科技行业的研发，推进相应基础研究的发展，促进港口、产业协调发展。

（5）创新海洋产业发展管理体制机制。一是成立海洋产业布局领导小组。加强对海洋经济发展的组织领导、统筹协调，加强对海洋经济发展规划引导，协调处理好海洋经济发展与用海、用地、环境保护、水资源调度等关系，形成协调配合、一体化发展的格局，推动海洋经济发展布局优化。二是强化海洋产业规划引导作用。按照高起点规划、高标准建设要求，结合海洋生态保护与海岸线合理利用，长远规划、分步实施，引导临港产业相对集聚、有序发展。三是强化临港港湾资源整合。要从经济社会发展的全局出发，充分考虑海洋生态保护与海岸线的合理规划和利用，按照"深水深用、浅水浅用"以及统一规划、合理分工、大中小结合和专业化配套的原则，强化港口岸线和陆域资源的保护与有序开发，实现港口资源的可持续发展。四是创新海洋布局管理体制。创新区港联动发展机制，采取专业码头建设与临港产业布局相结合，形成港口、工业互动，推动港口资源有序开发，提升产业发展水平；五是引导海洋经济产业项目投资。统筹陆域、海域资源，合理引导海洋产业项目有序布局的内容和条件，实行试验区区、县两级政府与部门联审制度，对不符合规划布局的项目不予审批、落地，持续推进海洋经济发展布局的优化。

第九节 广 东 省

立足于广东自然资源属性特征和区域发展的比较优势，与区域社会经济发展水平相结合，实施广东省海洋区域协调发展战略，立足省情做好规划布局，调整优化各海洋发展区域的空间结构，推进海洋要素整合及海洋产业互动，重点建设珠江三角洲地区、广东西部片区和广东东部片区三大海洋产业发展区。

第一，增强战略性新兴海洋产业和陆域临海产业的关联度。

（1）广东经济可持续发展需要战略性新兴海洋产业和陆域产业协调发展，这就需要两种产业能相互提供产品或服务。战略性新兴海洋产业可以为陆域临海产业提供原料、能源和技术等，陆域产业可以为战略性新兴海洋提供人力、资金和交通等。

（2）海陆一体化中最重要的是海陆资源的互补性和海陆经济板块的互动。广东东部和广东西部廉价且便利的海运优势业已吸引了钢铁和石化产业的进驻，而这些项目都是耗能和耗水大户。配套发展相关战略性新兴产业，既可以促进这些产业快速发展，又可以带动当地人才、技术、信息、交通和金融等一大批领域的交流和合作，从而增强广东东、西部两极化的经济活力，优化广东海洋产业的布局。

第二，强化主导产业培育政策，加大传统海洋产业的改造力度，建立海洋产业结构优化与竞争力提升的应对策略与保障措施。

（1）积极扶持海洋经济发展，优化升级海洋产业结构。优先发展海洋油气、滨海旅游、海洋渔业等海洋主导产业以及海洋电力、海水利用、海洋石油和天然气和滨海旅游等海洋优势产业。广东省应依托现有产业基础和资源条件，发挥比较优势和先发优势，继续做强做优主导产业和优势产业，推进重大项目建设，增强主导产业与优势产业的带动作用和辐射能力，以主导海洋产业为支撑，推动全省海洋经济实现跨越式发展。

（2）加大传统海洋产业的改造力度。传统海洋产业在中国的海洋经济中一直占据着举足轻重的地位，但在产业结构的优化程度、投入与产出效率、机械化和科技化等方面都与发达国家有着不小的差距。传统海洋产业是战略性新兴海洋产业发展的基础，能够为战略性新兴海洋产业的发展提供丰富的经验教训和充足的原材料，传统海洋产业改造的效果直接关系到战略性新兴海洋产业的发展，它们是相互促进、相互支持的关系。例如，发展海洋生物制药业可以带动海洋养殖和捕捞、海洋运输、滨海特色旅游、沿海造船、海洋机械制造等一系列产业的发展；反之，这些行业也支持了海洋生物制药业的快速发展。

（3）大力发展新兴产业。抓好海水综合利用、海洋生物制药业、海洋化工业等新兴产业的研发和技术储备工作，开发一批具有自主知识产权的核心产品，扶持做强骨干企业，为产业发展营造良好环境，为全省海洋经济发展增强后劲。

（4）积极培育战略产业。积极培育海洋环保、海洋新能源等战略产业。加大政策扶持力度和资金投入，支持海洋环保、海洋新能源等领域的创新开发和重大产业化项目，创造良好的产业发展环境，成为海洋经济发展的亮点。

第三，合理布局区域海洋产业，重点建设珠江三角洲地区、广东西部片区和广东东部片区三大海洋产业发展区，大力实施"湾区计划"。

（1）加强区域协调，重点建设三大海洋经济发展区。①珠江三角洲海洋经济优化发展区。重点发展先进制造业和现代综合服务业，加快发展海洋交通运输业，着力打造高端滨海旅游业，加快发展海洋战略性新兴产业。构建"三心三带"的空间结构，即以广州、深圳、珠海为三大海洋经济增长中心，形成珠江口东岸的现代服务业型产业带、珠江口西岸的先进制造业型产业带、珠江三角洲沿海地区的生态环保型重化产业带格局。②广东东部海洋经济重点发展区。以加快海洋资源开发为导向，重点发展临海能源、石油化工、装备制造、海洋交通运输、港口物流、滨海旅游、现代海洋渔业等产业，加快以海上风电为主的海洋能开发，积极培育海水综合利用、海洋生物医药等海洋战略性新兴产业。③广东西部海洋经济重点发展区。以加快海洋资源开发为导向，重点发展临海钢铁、石化、能源工业和港口物流业，做强滨海旅游业，加快发展现代海洋渔业，培育海水综合利用、海上风电、海洋生物医药等海洋战略性新兴产业。发挥大西南出海口的优势，以湛江港为中心，构建粤西沿海港口群，加快建设临港重化产业集聚区。

（2）打造沿海经济带，构建临港产业集聚区。统筹规划港口发展与临港产业基地建设，以沿海港口和大型开发区为载体，集聚临港大项目，重点发展石化、能源、钢铁、装备制造、船舶、港口物流、滨海旅游、水产品加工流通等支柱产业，加快发展海洋生物医药、海水综合利用、海洋能源等海洋战略性新兴产业，构建国际先进、国内领先的临港产业集聚区。

（3）发挥资源优势，实施"湾区计划"。优化岸线资源和产业分布。打破行政区划的藩篱，以湾区为单元，划分生产、生活、生态岸线，对每个湾区的产业发展方向、功能定位和产业布局进行统筹规划，合理布局相适应的海洋产业和产业集聚区（园区），以利于海洋经济错位发展，避免重复竞争、粗放开发。优化海洋生态和公共管理。打破行政区划，以湾区为单元进行海洋生态保护的管理和修复，对每个湾区的岸线开发、入海排放和海洋生态保护进行统筹安排，合理制定相适应的环境监测和生态管理制度，以利于实现海洋生态的公共属性，避免出现管理空区。

第十节　广西壮族自治区

广西应制定海洋产业合作协调发展的机制，协调地方经济发展利益，成立区域性的产业协调机构，对利益受损的地区进行利益补偿，充分考虑基础设施情况，提高海洋产业布局规划的科学性，做好服务工作，实施海洋产业组织政策、海洋产业结构政策、海洋产业布局政策等引导性海洋产业政策，指导海洋产业健康有序的发展。

第一，海洋产业空间布局要具有战略性，注重高新科技产业的发展，转变现行规划的海洋产业发展模式，将规划发展的眼光放到整个环北部湾经济圈的大格局中去考虑。

（1）立足北部湾、服务"三南"（西南、华南和中南地区）、沟通东中西、面向东南亚，充分发挥连接多区域的重要通道、交流桥梁和合作平台作用，以开放合作促开发建设，努力建成中国-东盟开放合作的物流基地、商贸基地、加工制造基地和信息交流中心，成为带动和支撑西部大开发的战略高地和开放度高、辐射力强、经济繁荣、社会和谐、生态良好的重要国际区域经济合作区。将广西沿海地区的北海市功能定位为发展国际商贸旅游业的城市，北海港定位为以集装箱运输为主的商贸港口，发展成为国际海上旅游服务中心；钦州市发展为工业城市，钦州港发展为临海工业港，由以大宗物资运输为主，逐步形成重点以渔沥港区、钦州湾中港区为主的散矿、散粮、集装箱等三大专业化中转运输基地；防城港功能定位为广西的海运枢纽中心，其港口功能定位为大宗物资运输为主的枢纽港。

（2）慎重选择海洋产业发展方向。在继承和发扬传统优势海洋产业的基础上，引入高新技术，发展高附加值的制造业，并向高附加值链环节转移，调整海洋产业布局结构，采取区域性科技创新体制建设，形成以金融、电子信息、机电一体化、信息生物医药等可持续的、高新科技的产业。同时政府应利用好广西北部湾经济区的本地、周边和腹地的资源优势，发展食品、铝业加工、建材、制药等工业，发挥沿海优势，发展电子信息技术、生物工程为主的知识密集型和智力型高新技术产业和出口加工业。

第二，改革政府绩效考核制度，完善产业布局协调发展机制，协调地方经济发展利益成立区域性的产业协调机构。

（1）加快广西现行的干部管理体制的改革，建立更加科学合理的、有约束力的干部考核制度。上级政府首先要对下级政府的政绩进行成本分析，即不仅考核下级政府取得的政绩，还要看下级政府取得这一政绩所付出的投入和代价，将其作为衡量和判断下级政府政绩的标准之一。

（2）制定海洋产业布局协调发展的机制。政府要成立专门的协调组织和机构，制定区域内海洋产业发展协调合作的总体规划，拟定具体海洋产业布局合作政策，规划合作项目，制定相关的海洋产业合作协调机制，来协调经济区内不同城市的利益。同时，对沿海地区的产业布局进行调整，特别是加强和推进广西北部湾经济区三个沿海城市的海港建设、信息技术、临海重化工业、旅游业等方面的联合、协作，逐步制定北部湾经济区内一体化的标准，简化区域内产业布局的行政划分，打破不同行政区域的封锁与分割，加大广西北部湾经济区四个城市的开放和合作程度，利用各市的区位优势，推进产业布局的合理优化，促使产业的升级。

第三，实施海洋产业组织政策、海洋产业结构政策、海洋产业布局政策等引导性海洋产业政策，指导海洋产业健康有序的发展。

（1）海洋产业组织政策建议。产业组织政策多数是为了协调竞争和规模经济之间的冲突，维持市场秩序，形成有效竞争态势。但是，像广西这样的后发地区要实现海洋经济的"蛙跳"式发展，必然要利用好大企业对海洋产业发展的推进作用。因而，在海洋产业组织政策方面，不应做出限制大企业发展的举措，不能做出妨碍大企业兼并小企业或大企业之间的重组的行为。鼓励中小企业发展，鼓励经营者创新企业管理制度，为涉海企业融资提供方便，组建针对海洋产业的投融资平台。

（2）海洋产业结构政策建议。产业结构政策是政府在一定时期内为了推动产业结构升级而制定的，最终目的是推动产业增长。正如前面论述的，不应把海洋产业内部三次产业之间的结构比例作为制约广西海洋产业发展的因素。同样，海洋产业产值小也不能作为广西海洋产业存在的问题。虽然在重点产业选择上，把海洋第三产业和海洋第一产业作为未来一段时期内广西着重发展的海洋重点产业，但是也要为海洋第二产业的发展储备技术、人才和项目，不能阻碍海洋第二产业的发展。原因在于，只有实现了海洋工业化才能真正实现海洋现代化，才能真正立足于海洋强省之列。综合而言，广西在海洋产业结构上应尽量采取"无为而治"的方法，不过多强调海洋三次产业的比例情况。

（3）海洋产业布局政策建议。产业布局政策是政府在一定时期内为实现资源在空间上的有效配合而制定的，广西出台海洋产业布局政策旨在引导产业集聚，形成规模经济效应，要求广西沿海地区要充分利用自身优势，因地制宜发展本地区具有优势的海洋产业；形成若干海水养殖基地，但也要注意这些养殖基地建设对于海洋生物系统的影响，避免因规模过大而导致的生物系统紊乱；广西北部湾港要协调好内部各港口的分工协作问题，避免内部不良竞争；各滨海旅游点开展合作，减少单打独斗，形成竞争合力，推进滨海旅游业的全面发展。

第十一节 海 南 省

海南省作为拥有中国最大海域面积的省，热带风光得天独厚，生物资源丰富多样。海南应建立海南国际旅游岛，实施发展以外向型经济为主导的产业结构优化模式，将市场配置、政府干预以及科技创新有机结合，促进海南三次产业内部现代热带高效农业、新型工业以及现代服务业快速发展，深化"多规合一"、供给侧结构等多项改革。

第一，建设国际旅游岛，实施发展以外向型经济为主导的模式。引进岛外高级生产要素、利用岛外高级需求层次，引导国际旅游岛建设与市场配置、政府干预以及科技创新等其他具体路径相融合。

（1）在国际旅游岛建设中应充分发挥市场配置资源的基础性作用。海南应在农垦、矿产以及海洋资源配置、国有企业管理体制、放宽民间资本准入服务业，特别是现代服务业投资领域的限制等方面加大市场化改革力度，实施市场导向的资源配置机制，实施产业开放，吸引更多、更高层次的直接投资发展海南优势产业，参与国际竞争。

（2）在国际旅游岛建设中应充分发挥政府有效干预和引导的作用。政府应该改善对社会经济的调控能力，在国际贸易、吸引直接投资等领域进行有效干预和引导，特别是要在吸引直接投资进入海南战略性新兴产业方面发挥主导作用。

（3）在国际旅游岛建设中应充分发挥直接投资、进出口贸易的技术溢出效应。目前海南在利用外向型经济溢出效应过程中的主要瓶颈在于人才的严重稀缺，解决的办法是：一方面按照动态比较优势原理，依靠大陆生源，超前发展教育产业，将海南办成"大学岛"；另一方面通过有吸引力的移民政策，引进更多的优秀人才来建设海南。

第二，实施以外向型经济为主导的多路径融合模式，促进海南三次产业内部现代热带高效农业、新型工业以及现代服务业快速发展。

（1）实施多路径融合模式与海南现代服务业快速发展。自 1988 年建省以来，海南政府一直将旅游业作为海南的优势产业来发展，这本身就是产业结构合理化的体现。推进国际旅游岛建设，必然要按照国际化旅游标准的要求，完善旅游基础设施设备的国际化配套服务功能建设；按照国际化标准，对海南特色旅游资源进行产业设计与配套建设；加强旅游国际合作，加快国际旅游信息服务体系的建设，加快国际化旅游管理、服务人才的培养，培育良好的国际旅游环境氛围。海南产业结构严重畸形的主要表现不仅仅是存在工业"短腿"，而且是存在另一条"短腿"，即现代服务业增加值比重偏低，如金融、信息等行业。一个区域只要加快发展旅游业，不仅可以扩大服务业的规模，还可以改造、提升传统服务业，促进金融、信息等现代服务业加快发展。

（2）实施多路径融合模式与海南热带现代农业快速发展。《国务院关于推进海南国际旅游岛发展的若干意见》中的六大战略定位，其中之一是将海南建设成为"国家热带现代农业基地"，海南农业的战略地位进一步凸显。这一定位必将推动海南农业的第二次转型升级，使其步入实现农业现代化的新阶段。在国际旅游岛建设的推动下，农产品生产将会适应国际旅游岛建设的需要，大力发展适合宾馆、酒店和国际国内游客需求的各种新的农产品，如高品质农产品、标准化农产品、健康农产品、安全农产品、有机农产品、时尚农产品等。这些由国际旅游岛建设催生的新的农产品，覆盖了热带水果、瓜菜、花卉、畜牧业、水产业等海南主要农产品的生产，并将在国际旅游岛建设强劲需求的推动下发展成为海南农业种植、养殖业的主打产品，形成海南特色的热带现代农业新体系。随着新产品生产的发展和新产品体系的形成壮大，农业生产形态也会随之发生新变化，分散式、粗放式、简陋式的农业生产方式，将被规模化、集约化、设施化和高度组织化的现代化生产方式所代替。

（3）实施多路径融合模式与海南新型工业快速发展。海南新兴工业的发展必须坚持"资源开发与节约并举，实现把节约放在首位，依法保护和合理利用资源，提高资源利用率，实现循环发展"方针，推进资源利用方式从粗放到集约的转变，促进经济、资源和环境的协调发展。在国际旅游岛的建设中，工业发展必须遵循"更环保""更具特色"的发展原则，发展具有特色的新兴工业，才是海南工业的出路。

第三，深化"多规合一"、供给侧结构等多项改革，促进产业结构转型升级。

海南参与"21世纪海上丝绸之路"南海基地建设，研究动漫游戏、体育等的新型服务业发展壮大。积极培育网络制造、旅游装备制造等新型制造业，依托文昌航天发射中心、发展航天航空装备制造配套产业。结合"互联网+"的机遇，积极促进制造业转型升级。坚持供给侧、需求侧两端发力，供给侧结构性改革为重点，培育新型消费，扩大传统消费，创新消费模式，重点实施休闲度假旅游等八大消费工程。培育壮大新兴产业，推进网络强省建设，落实"互联网+"行动计划，推动互联网与其他产业深度融合发展，引进一批互联网龙头企业和电子商务平台运营商，培育壮大软件业、电商业、服务外包等产业，建立和运用大数据、云计算，提高互联网产业规模化水平。做优做强医疗健康产业，充分利用国际医疗旅游先行区的特殊政策，确保年内新开工一批高端医疗、健康服务类大项目；引进一批高端医疗人才和学科带头人，大力发展健康服务职业教育，鼓励社会资本和国内外医疗康复养生机构举办职业院校，规范并加快培养护士、养老护理员等从业人员；推进医疗健康产业与互联网、旅游、房地产等产业互动发展。加快推进金融服务业发展，推动设立吉沙银行、财险寿险地方法人机构、金融控股公司，鼓励海南银行做精做优，推动农村信用社改制，扶持村镇银行等新型农村金融机构发展，大力发展普惠金融，发挥发控、交控等融资平台作用，积极发展多层次资本市场。推进会展、现代物流、影视制作、动漫游戏、体育等新型服务业发展壮大。积极培育网络制造、旅游装备制造等新型制造业，依托文昌航天发射中心发展航天航空装备制造配套产业。结合"互联网+"的机遇，积极促进该省制造业转型升级。

第四，加强海洋资源开发，带动产业转型升级，形成旅游、油气、渔业、交通运输及海洋药物和生物制品业五大产业中心。

（1）推进旅游特区建设。加强三沙开发维度和规模，高起点、高标准建设三沙海岛观光项目，开辟三沙定期旅游航线，开通航班、邮轮到三沙岛礁旅游项目。做大做强三亚凤凰岛邮轮母港，不断改善邮轮基础设施，积极开辟和丰富赴新加坡、马来西亚等国家和地区的旅游航线，做大做强邮轮游艇产业。加强与海上丝绸之路沿线国家的协作配合，互办旅游推介，合作开发旅游线路，构建海上丝绸之路旅游协作示范区和示范项目。推动开发"一程多站"邮轮旅游，推动设立丝路旅游联盟，联合打造旅游产品和旅游线路。

（2）推进南海能源资源开发利用，建设南海能源开发、加工、物流与交易中心。着力加大南海油气资源勘探开发力度，进一步扩大对外开放，支持南海油气区块对内对外招标，引进海上油气开发的人才、技术和管理资源，出台支持南海油气开发政策和配套措施。鼓励大型海上油田服务公司到海南落户。积极拓展油气化工产业链，建设一批规模效益大、现代化水平高的油气化工项目，促进海南油气化工产业优化升级，高标准规划建设国际旅游岛先行试验区内的南海油气交易中心。

（3）打造海南海洋渔业品牌，建设现代海洋渔业产业。合理确定捕捞范围，严控近海捕捞规模。推进深海网箱养殖，发展水产品精深加工，发挥海南比较优势，打造海南渔业品牌。政府通过财政支持，扶植原产地商标等品牌建设，扩大海南水产品美誉度和知名度。建立渔业风险保障机制，提高渔民收入水平，扩大渔民参与深海捕捞的积极性。以市场为导向，合理开发利用南海海洋渔业资源，力争通过几年的努力，逐步形成辐射带动能力大、产业关联度高、市场开拓能力强的海洋渔业龙头企业。通过整合优势资源，扩大海洋资源开发领域，实现规模经营，并根据企业的发展规模和成熟度，选择在不同层次的资本市场板块融资，推动企业长远发展。

（4）推进交通运输业发展，做大做强相关产业。依托洋浦保税港区和海口综合保税区等特殊监管区，开展运港退税等政策试点工作，大力发展航运、中转等业务，吸引和支持大型船舶公司在海南设立总部。着力推动通道体系建设，推动丝绸之路沿线国家基础设施共同发展，推进全方位、复合型、多层次的互联互通网络设施建设。

（5）提升海洋科技创新能力，建设海洋药物和生物制品业产业中心。加强与国内海洋科研院所和高校的合作，建立产学研用一体的发展平台，支持中国科学院深海科学与工程研究所、海南热带海洋学院等科研院所的发展，促使其提升科研创新能力，提高转化利用南海海洋资源的水平。针对海南岛均型经济体的特点，大力发展物流成本低、经济附加值高的海洋药物和生物制品业。

参 考 文 献

马歇尔. 1964. 经济学原理(上卷). 朱志泰译. 北京: 商务印书馆.

阿尔弗雷德·韦伯. 1996. 工业区位论. 李刚剑, 陈志人, 张英保等译. 北京: 商务印书馆.

安筱鹏, 韩增林. 2000. 国际集装箱枢纽港的形成演化机理与发展模式研究. 地理研究, (4): 383-390.

白福臣, 贾宝林. 2009. 广东海洋产业发展分析及结构优化对策. 农业现代化研究, 30(4): 419-422.

伯尔蒂尔·俄林. 1986. 地区间贸易和国际贸易. 王继祖等译校. 北京: 商务印书馆.

曹有挥. 1999. 长江沿岸港口体系空间结构研究. 地理学报, (3): 43-50.

曹忠祥, 任东明, 王文瑞, 等. 2005. 区域海洋经济发展的结构性演进特征分析. 人文地理, 6: 29-33.

陈飞龙. 2003. 宁波海洋经济发展的战略重点与产业布局. 中共宁波市委党校学报, (5): 56-61.

陈国亮. 2015. 海洋产业协同集聚形成机制与空间外溢效应. 经济地理, 35(7): 113-119.

陈可文. 2003. 中国海洋经济学. 北京: 海洋出版社.

陈琳. 2012. 福建省海洋产业集聚与区域经济发展耦合评价研究. 福建农林大学硕士学位论文.

崔功豪, 魏清泉, 陈宗兴. 1999. 区域分析与规划. 北京: 高等教育出版社.

崔旺来, 周达军, 刘洁. 2011. 浙江省海洋产业就业效应的实证分析. 经济地理, 31(8): 1258-1263.

大卫·李嘉图. 1976. 政治经济学及赋税原理. 郭大力, 王亚南译. 北京: 商务印书馆.

代晓松. 2007. 辽宁省海洋资源现状及海洋产业发展趋势分析. 海洋开发与管理, 24(1): 129-134.

戴桂林, 兰香. 2009. 基于海洋产业角度对围填海开发影响的理论分析. 海洋开发与管理, 26(7): 24-28.

邓刚. 2015. 产业结构优化研究. 中国海洋大学硕士学位论文.

刁晓楠. 2015. 我国海洋产业结构优化与海洋主导产业选择研究. 辽宁师范大学硕士学位论文.

丁申锐. 2015. 基于集对分析的中国海洋产业评价研究. 辽宁师范大学硕士学位论文.

法丽娜. 2008. 我国海洋产业生存与发展安全评价及政策选择. 世界经济情况, (3): 66-68.

冯清申. 1984. 海洋中水的来源. 河南师大学报(自然科学版), (01): 30.

封学军, 王伟, 蒋柳鹏. 2008. 港口群系统优化模型及其算法. 交通运输工程学报, (3): 77-81.

傅远佳. 2011. 海洋产业集聚与经济增长的耦合关系实证研究. 生态经济, (9): 126-129.

高铁梅. 2006. 计量经济分析方法与建模 Eviews 应用及实例. 北京: 清华大学出版社.

高源. 2012. 我国海洋产业集聚时空特征、驱动机理及其与区域要素协调发展研究. 辽宁师范大学博士学位论文.

高源, 韩增林, 杨俊, 等. 2015. 中国海洋产业空间集聚及其协调发展研究. 地理科学, 35(8): 946-951.

盖美, 陈倩. 2010. 海洋产业结构变动对海洋经济增长的贡献研究: 以辽宁省为例. 资源开发与市场, 26(11): 985-988.

国家海洋发展战略研究所. 2010. 中国海洋发展报告. 北京: 中国海洋出版社.

郭显光. 1998. 改进的熵值法及其在经济效益评价中的应用. 系统工程理论与实践, (12): 98-102.

韩建. 2013. 基于 AHP-NRCA 模型的中国海洋产业竞争力评价. 辽宁师范大学硕士学位论文.

韩立民. 2007. 海洋产业结构与布局的理论和实证研究. 青岛: 中国海洋大学出版社.

韩立民, 都晓岩. 2007. 海洋产业布局若干理论问题研究. 中国海洋大学学报, 2: 1-4.

韩立民, 都晓岩. 2009. 泛黄海地区海洋产业布局研究. 北京: 经济科学出版社.

韩增林, 狄乾斌. 2011. 中国海洋与海岛发展研究进展与展望. 地理科学进展, 30(12): 1534-1537.

韩增林, 王茂军, 张学霞. 2003. 中国海洋产业发展的地区差距变动及空间集聚分析. 地理研究, 22(3): 289-296.

韩增林, 许旭. 2008. 中国海洋经济地域差异及演化过程分析. 地理研究, 27(3): 613-622.

郝鹭捷, 吕庆华. 2014. 我国海洋文化产业竞争力评价指标体系与实证研究. 广东海洋大学学报, 34(5): 1-7.

贺义雄, 王夕源. 2007. 合理布局我国海洋产业的对策. 中国渔业经济, 1: 7-8.

胡彩霞, 汪亮, 廖泽芳. 2012. 世界海洋渔业贸易竞争力分析. 中国渔业经济, 30(1): 155-164.

胡曼菲. 2010. 金融支持与海洋产业结构优化升级的关联机制分析. 海洋开发与管理, 27(9): 87-90.

胡晓莉, 张炜熙, 阎辛夷. 2012. 天津市海洋产业主导产业选择研究. 海洋经济, (1): 47-52.

胡振宇. 2014. 海洋科研机构布局及策略. 开放导报, (03): 84-87.

黄瑞芬. 2009. 环渤海经济圈海洋产业集聚与区域环境资源耦合研究. 中国海洋大学博士学位论文.

黄瑞芬, 苗国伟. 2010. 海洋产业集群测度——基于环渤海和长三角经济区的对比研究. 中国渔业经济, 28(3): 132-138.

黄瑞芬, 苗国伟, 曹先珂. 2008. 我国沿海省市海洋产业结构分析及优化. 海洋开发与管理, 25(3): 54-57.

黄瑞芬, 王佩. 2011. 海洋产业集聚与环境资源系统耦合的实证分析. 经济学动态, (2): 39-42.

黄盛. 2013. 环渤海地区海洋产业结构调整优化研究. 中国海洋大学硕士学位论文.

黄蔚艳. 2009. 现代海洋产业服务体系建设案例研究: 以舟山市为例. 海洋开发与管理, 26(6): 99-104.

黄蔚艳, 罗峰. 2011. 我国海洋产业发展与结构优化对策. 农业现代化研究, 32(3): 271-275.

霍增辉, 张玫. 2013. 基于熵值法的浙江省海洋产业竞争力评价研究. 华东经济管理, 27(12):

10-13.

纪建悦, 林则夫. 2007. 环渤海海洋经济发展的支柱产业选择研究. 北京: 经济科学出版社.

纪玉俊, 李超. 2015. 海洋产业集聚与地区海洋经济增长关系研究——基于我国沿海地区省际面板数据的实证检验. 海洋经济, 5(5): 13-19.

纪玉俊, 刘金梦. 2016. 海洋产业集聚的影响因素——一个分析框架及实证检验. 中国渔业经济, 34(4): 61-68.

姜江, 盛朝迅, 杨亚林. 2012. 中国战略性海洋新兴产业的选取原则与发展重点. 海洋经济, 2(1): 21-26.

姜旭朝, 方建禹. 2012. 海洋产业集群与沿海区域经济增长实证研究——以环渤海经济区为例. 中国渔业经济, 30(3): 103-107.

姜旭朝, 张继华. 2012. 中国海洋经济演化研究(1949—2009). 北京: 经济科学出版社.

克里斯塔勒. 1998. 德国南部中心地原理. 常正文, 王兴中译. 北京: 商务印书馆.

李彬, 戴桂林, 赵中华. 2012. 我国海洋新兴产业发展预测研究——基于灰色预测模型 GM(1, 1). 中国渔业经济, 30(4): 97-103.

李彬, 高艳. 2011. 海洋产业人力资源的现状与开发研究. 海洋湖沼通报, (1): 165-172.

李春平, 张灵杰, 董丽晶. 2003. 浙江乐清湾海岸带功能区划分与海洋产业发展. 海洋通报, 22(5): 38-43.

李福柱, 孙明艳, 历梦泉. 2011. 山东半岛蓝色经济区海洋产业结构异质性演进及路径研究. 华东经济管理, 25(3): 12-14.

李华豪. 2015. 山东半岛蓝色经济区海洋产业集群发展研究. 中国海洋大学硕士学位论文.

李健, 滕欣. 2012. 区域海洋战略性主导产业选择研究——以天津滨海新区为例. 天津大学学报 (社会科学版), 14(4): 313-318.

李青, 张落成, 武清华. 2010. 江苏沿海地带海洋产业空间集聚变动研究. 海洋湖泊通报, (4): 106-110.

李亦瑶. 2015. 蓝经济区海洋产业发展战略研究. 中国石油大学硕士学位论文.

林超. 2009. 东营市河口区海洋产业布局优化研究. 中国海洋大学硕士学位论文.

林香红. 2011. 澳大利亚海洋产业现状和特点及统计中存在的问题. 海洋经济, 1(3): 57-62.

林原. 2012. 钻石海湾打造海洋新兴产业集聚区战略构想. 辽宁经济, (5): 75-77.

刘大海, 陈烨, 邵桂兰. 2011. 区域海洋产业竞争力评估理论与实证研究. 海洋开发与管理, 28(7): 90-94.

刘佳. 2009. "一体两翼"模式与山东海洋产业布局调整研究. 中国海洋大学硕士学位论文.

刘明, 汪迪. 2012. 战略性海洋新兴产业发展现状及 2030 年展望. 当代经济管理, 34(4): 62-65.

刘世禄, 杨才林. 1993. 试论青岛市海洋产业态势与开发战略选择. 海洋科学, 6(6): 66-67.

刘曙光. 2007. 海洋产业经济国际研究进展. 产业经济评论, 6(1): 170-190.

刘曙光, 刘日峰. 2012. 中国与南非海洋渔业合作问题研究. 世界农业, (7): 17-21.

刘文龙. 2016. 环渤海地区海洋产业结构及竞争力评价研究. 天津大学硕士学位论文.

刘湘桂, 李阳春, 唐湘雨, 等. 2010. 广西海洋经济与社会协调发展的条件、目标与路径. 钦州学院学报, 25(5): 42-45.

刘扬. 2012. 广西海洋产业结构优化研究. 广西大学硕士学位论文.

刘弈. 2015. 山东半岛蓝色经济区海洋产业集聚与生态环境耦合研究. 山东师范大学硕士学位论文.

楼东, 谷树忠, 钟赛香. 2005. 中国海洋资源现状及海洋产业发展趋势分析. 资源科学, 27(5): 20-26.

栾维新. 1989. 论环渤海经济区海洋产业的合理布局. 辽宁师范大学学报(自然科学版), 12(4): 63-71.

栾维新, 宋薇. 2003. 我国海洋产业吸纳劳动力潜力研究. 经济地理, 23(4): 529-533.

吕芳华. 2013. 我国海洋新兴产业发展政策研究. 广东海洋大学硕士学位论文.

马洪芹. 2007. 我国海洋产业结构升级中的金融支持问题研究. 中国海洋大学硕士学位论文.

马仁锋, 李加林, 庄佩君. 2012. 长江三角洲地区海洋产业竞争力评价. 长江流域资源与环境, 21(8): 918-926.

马旭然. 2012. 对环渤海地区海洋产业结构演进的实证研究. 辽宁师范大学硕士学位论文.

毛昊洋. 2012. 产业链视角下的福建省海陆产业联动发展研究. 福建农林大学硕士学位论文.

孟月娇. 2013. 海洋主导产业选择研究——以青岛市为例. 中国海洋大学硕士学位论文.

乔俊果. 2010. 基于中国海洋产业结构优化的海洋科技创新思路. 改革与战略, 26(10): 140-143, 154.

秦聪聪. 2015. 海洋产业与陆域产业协同发展评价研究. 天津理工大学硕士学位论文.

秦宏, 谷佃军. 2010. 山东半岛蓝色经济区海洋主导产业发展实证分析. 海洋科学, (11): 84-90.

施刚. 2013. 宁波市海洋产业空间布局和结构优化研究. 浙江工业大学硕士学位论文.

史春云, 张捷, 高薇, 等. 2007. 国外偏离—份额分析及其拓展模型研究述评. 经济问题探索, (03): 133-136.

宋瑞敏, 杨化青. 2011. 广西海洋产业发展中的金融支持研究. 广西社会科学, (9): 28-32.

苏文金. 2005. 福建海洋产业发展研究. 厦门: 厦门大学出版社.

隋映辉. 2010. 我国沿海经济区: 产业转型特点、问题与战略选择. 发展研究, (9): 33-37.

孙斌, 徐质斌. 2000. 海洋经济学. 青岛: 青岛出版社,

孙才志, 韩建, 杨羽頔. 2014. 基于 AHP-NRCA 模型的中国海洋产业竞争力评价. 地域研究与开发, 33(04): 1-7.

孙立家. 2013. 山东省"蓝色粮仓"建设的关联产业结构和布局优化研究. 中国海洋大学硕士学位论文.

孙岩, 韩昌甫. 1999. 我国滨海砂矿资源的分布及开发. 海洋地质与第四纪地质, (01): 123-127.

孙迎, 韩增林. 2008. 我国区域海洋产业结构分析与绩效评价问题探讨. 海洋开发与管理, 25(9): 63-67.

唐俊. 2013. 中国班轮公司发展现状与对策研究. 中国电子商务, (11): 113-113.

唐寻. 2014. 浙江省海洋生物产业发展现状分析. 产业与科技论坛, 13(10): 38-39.

唐正康. 2011. 基于偏离份额模型的海洋产业结构分析——以江苏为例. 技术经济与管理研究, (12): 97-100.

滕欣, 徐伟, 董月娥, 等. 2016. 区域承载力与海洋产业集聚的动态效应——以天津市为例. 海洋开发与管理, 33(1): 27-32.

田广增, 齐尊广. 2002. 论产业布局的规律. 安阳师范学院学报, 2.

汪易易. 2012. 基于灰色系统模型的山东省渔业产业竞争力研究. 中国海洋大学硕士学位论文.

王传崑, 施伟勇. 2008. 中国海洋能资源的储量及其评价//中国可再生能源学会海洋能专业委员会. 中国可再生能源学会海洋能专业委员会成立大会暨第一届学术讨论会论文集: 11.

王丹, 张耀光, 陈爽. 2010. 辽宁省海洋经济产业结构及空间模式研究. 经济地理, 30(3): 443-448.

王海英, 栾维新. 2002. 海陆相关分析及其对优化海洋产业结构的启示. 海洋开发与管理, 19(6): 28-32.

王静. 2016. 基于资源环境承载力的烟台市海洋产业空间布局优化研究. 山东师范大学硕士学位论文.

王圣, 任肖嫱. 2009. 东海海洋产业结构与关联性分析. 海洋开发与管理, 26(8): 63-67.

王涛, 何广顺, 宋维玲, 等. 2014. 我国海洋产业集聚的测度与识别. 海洋环境科学, 33(4): 568-575.

王泽宇, 崔正丹, 韩增林, 等. 2016. 中国现代海洋产业体系成熟度时空格局演变. 经济地理, 36(3): 99-108.

王泽宇, 梁华罡. 2017. 中国海洋经济空间格局演化与区域海洋产业变迁——基于 1996—2013 年沿海省(市)海洋经济份额变动实例分析. 江苏师范大学学报(自然科学版), 35(1): 58-62.

王泽宇, 卢函, 孙才志, 等. 2017. 中国海洋经济系统稳定性评价与空间分异. 资源科学, 39(3): 566-576.

王泽宇, 孙然, 韩增林. 2014. 我国沿海地区海洋产业结构优化水平综合评价. 海洋开发与管理, (2): 99-106.

王泽宇, 张震, 韩增林, 等. 2015. 新常态背景下中国海洋经济质量与规模的协调性分析. 地域研究与开发, 34(6): 1-7.

魏后凯. 2006. 现代区域经济学. 北京: 经济管理出版社: 152.

武京军, 刘晓雯. 2010. 中国海洋产业结构分析及分区优化. 中国人口·资源与环境, 20(3): 21-25.

徐敬俊. 2010. 海洋产业布局的基本理论研究暨实证分析. 中国海洋大学博士学位论文.

徐谅慧. 2012. 浙江省海洋产业结构评析. 农村经济与科技, 23(7): 109-111.

徐胜, 张鑫. 2011. 环渤海地区海洋经济资源环境因素分析及对策研究. 中国人口·资源与环境, 21(S2): 366-369.

徐胜, 王晓惠, 宋维玲. 2011. 环渤海经济区海洋产业结构问题分析. 海洋开发与管理, 28(5): 84-87.

徐杏. 2002. 海洋经济理论的发展与我国的对策. 海洋开发与管理, (2): 37-40.

徐质斌, 牛福增. 2003. 海洋经济学教程. 北京: 经济科学出版社: 126.

薛诚. 2014. 山东半岛蓝色经济区海洋三次产业竞争力提升研究. 中国海洋大学硕士学位论文.

亚当·斯密. 1972. 国民财富的性质和原因的研究. 郭大力, 王亚南译. 北京: 商务印书馆.

严珊珊. 2017. 福建省海洋产业集聚与区域资源环境耦合评级研究. 集美大学硕士学位论文.

晏维龙. 2012. 海岸带产业成长机理与经济发展战略研究. 北京: 海洋出版社.

杨坚. 2013. 山东海洋产业转型升级研究. 兰州大学硕士学位论文.

杨金森. 2006. 中国海洋战略研究文集. 北京:海洋出版社: 271.

杨万钟. 1999. 经济地理学导论. 上海: 华东师范大学出版社.

杨蕴真. 2017. 浙江省海洋产业结构合理化评价研究. 浙江大学硕士学位论文.

姚晴晴. 2014. 山东省海洋产业竞争力研究. 中国海洋大学硕士学位论文.

叶阿忠. 2003. 非参数计量经济学. 天津: 南开大学出版社.

叶波, 李洁琼. 2011. 海南省海洋产业结构状态与发展特点研究. 海南大学学报(人文社会科学版), 29(4): 1-6.

叶向东. 2010. 福州海陆统筹发展战略研究. 福州党校学报, (2): 68-72.

殷克东, 王晓玲. 2010. 中国海洋产业竞争力评价的联合决策测度模型. 经济研究参考, (28): 27-39.

殷克东, 方胜民, 高金田. 2012. 中国海洋经济发展报告. 北京: 社会科学文献出版社.

殷为华, 常丽霞. 2011. 国内外海洋产业发展趋势与上海面临的挑战及应对. 世界地理研究, 20(4): 104-112.

于海楠. 2009. 我国海洋产业布局评价及优化研究. 中国海洋大学硕士学位论文.

于谨凯, 张亚敏. 2011. 基于 DEA 模型的我国海洋运输业安全评价及预警机制研究. 内蒙古财经学院学报, (6): 68-72.

于谨凯, 刘星华, 单春红. 2014. 海洋产业集聚对经济增长的影响研究: 基于动态面板数据的 GMM 方法. 东岳论丛, 35(12): 140-143.

于谨凯, 杨志坤, 单春红. 2011. 基于可拓物元模型的我国海洋油气业安全评价及预警机制研究. 软科学, 140(8): 22-26.

于谨凯, 于海楠, 刘曙光, 等. 2009. 基于"点—轴"理论的我国海洋产业布局研究. 产业经济研究, (2): 55-62.

于婧. 2013. 山东半岛蓝色经济区海洋主导新兴产业选择研究. 青岛大学硕士学位论文.

于永海, 苗丰民, 张永华, 等. 2004. 区域海洋产业合理布局的问题及对策. 国土与自然资源研究, (1): 1-2.

约翰·R. 克拉克. 2000. 海岸带管理手册. 吴克勤, 杨德全, 盖明举译. 北京: 海洋出版社: 3.

约翰·冯·杜能. 1986. 孤立国同农业和国民经济的关系. 吴衡康译. 北京: 商务印书馆.

张晨阳. 2015. 青岛市海洋产业可持续发展评价研究. 中国海洋大学硕士学位论文.

张敦富. 1999. 区域经济学原理. 北京: 中国轻工业出版社: 1, 305-313.

张红智, 张静. 2005. 论我国的海洋产业结构及其优化. 海洋科学进展, 23(2): 243-247.

张焕焕. 2013. 我国海洋产业国际竞争力研究. 哈尔滨工程大学硕士学位论文.

张诗雨. 2012. 海洋产业安全形势与应对思路. 经济纵横, (1): 72-75.

张涛. 2011. 我国海洋产业布局演进的动力机制研究. 中国海洋大学硕士学位论文.

张文杰, 郑锦荣. 2011. 海洋产业对上海经济拉动效应的实证研究. 浙江农业学报, (3): 634-638.

张文珺. 2014. 河北省海洋新兴产业发展研究. 河北经贸大学硕士学位论文.

张艳利. 2012. 广西海洋产业发展战略研究. 广西大学硕士学位论文.

张耀光. 1991. 试论海洋经济地理学. 云南地理环境研究, (1): 38-45.

张耀光. 2003. 中国海岛县产业结构演进特点研究. 经济地理, 23(1): 47-50.

张耀光, 韩增林, 刘锴, 等. 2009. 辽宁省主导海洋产业的确定. 资源科学, 31(12): 2192-2200.

张耀光, 魏东岚, 王国力, 等. 2005. 中国海洋经济省际空间差异与海洋经济强省建设. 地理研究, 24(1): 46-56.

赵昕, 余亭. 2009a. 海洋产业发展趋势分析: 基于熵值法的组合预测. 海洋开发与管理, 26(9): 61-63.

赵昕, 余亭. 2009b. 沿海地区海洋产业布局的现状评价. 渔业经济研究, (3): 11-16.

赵昕, 郑慧. 2010. 基于 VAR 模型的中国海洋产业发展与宏观经济增长关联机制研究. 中国渔业经济, 28(1): 131-137.

赵修萍. 2015. 福建省海洋产业结构及其升级研究. 集美大学硕士学位论文.

周达军, 崔旺来. 2011a. 浙江海洋产业发展的基础条件审视与对策. 经济地理, 31(6): 968-972.

周达军, 崔旺来. 2011b. 浙江省海洋产业发展研究. 北京: 海洋出版社.

周峰. 2015. 青岛市海洋产业结构优化研究. 中国石油大学硕士学位论文.

周洪军, 何广顺, 王晓惠. 2005. 我国海洋产业结构分析及产业优化对策. 海洋通报, 24(2): 46-51.

周景楠. 2016. 区域海洋产业竞争力评价研究. 广东海洋大学硕士学位论文.

周景楠, 白福臣. 2015. 基于动态偏离份额模型的广东海洋产业结构分析. 河北渔业, (8): 33-36, 41.

周起业, 刘再兴. 1989. 区域经济学. 北京: 中国人民大学出版社.

朱坚真, 吴壮. 2009. 海洋产业经济学导论. 北京: 经济科学出版社.

朱坚真, 闫柳. 2013. 基于点轴理论的珠三角区域海洋产业布局研究. 区域经济评论, 4: 18-27.

朱英明. 2003. 产业集聚论. 北京: 经济科学出版社: 75.

《中华人民共和国海岛保护法释义》编写组. 2010. 中华人民共和国海岛保护法释义. 北京: 法律出版社: 165-182.

Baird A J. 1997. Extending the life cycle of container main ports in upstream urban locations. Maritime Policy&Management, 24(3): 299-301.

Barange M, Cheung W W L, Merino G, et al. 2010. Modeling the potential impacts of climate change and human activities on the sustainability of marine resources. Current Opinion in Environmental Sustainability, 2(5): 326-333.

Barton J R. 1997. Environment, sustainability and regulation in commercial aquaculture: The case of Chilean salmonid production. Geoforum, 28(3-4): 313-328.

Bess R, Harte M. 2000. The role property rights in the development of NewZealan's sea food industry. Marine Policy, 24(4): 331-339.

Chen C, López-Carr D, Walker B L E. 2014. A framework to assess the vulnerability of California commercial sea urchin fishermen to the impact of MPAs under climate change. Geo Journal, 79(6): 755-773.

Chetty S. 2002. On the crest of a wave: Evolution of the New Zealand marine cluster: Alliances and networks. Puerto Rico: Working paper presented at Academy of International Business Annual Meeting.

Cheung W W L, Pitcher T J, Pauly D. 2005. A fuzzy logic expert system to estimate intrinsic extinction vulnerabilities of marine fishes to fishing. Biological Conservation, 124(1): 97-111.

Cho D-O. 2006. Challenges to sustainable development of marine sand in Korea. Ocean & Coastal Management, 49(1): 1-21.

Cicin-Sain B, Knecht R W, Vallega A, et al. 2000. Education and training in integrated coastal management: Lessons from the international arena. Ocean & Coastal Management, 43(4): 291-330.

Crowder L, Norse E. 2008. Essential ecological insights for marine ecosystem-based management marine spatial. Marine Policy, 32: 772-778.

Day V, Paxinos R, Emmett J, et al. 2008. The marine planning framework for South Australia: A new ecosystem-based zoning policy for marine management. Marine Policy, 32(4): 535-543.

Field J G. 2003. The gulf of guinea large marine ecosystem: Environmental forcing and sustainable development of marine resources. Experimental marine Biology and Ecology, 296: 128-130.

Fox K J , Grafton R Q, Kirkley J, et al. 2003. Property rights in a fishery: Regulatory change and firm performance. Journal of Environmental Economics and Managemen, (46): 156-177.

Gilpin R. 2007. War and Change in the World Politics. Shanghai: Shanghai People's Publishing House.

Halpern B S, Longo C, Hardy D, et al. 2012. An index to assess the health and benefits of the global ocean. Nature, 488(7413): 615-620.

Herrera G E, Hoagland P. 2006. Commercial whaling, tourism, and boycotts: An economic perspective. Marine Policy, 30(3): 261-269.

Jonathan S, Paul J. 2002. Technologies and their influence on future UK marine resource development and management. Marine Policy, 26(4): 231-241.

Kildow J, Colgan C S. 2005. California's Ocean Economy: Report to the resources agency, State of California. National Ocean Economics Program, (7): 1 1-30.

Kim W C. 2004. Mauborgne R. Blue ocean strategy. Harvard Business Review, 34(10): 76-84, 156.

Kwak S-J, Yoo S-H, Chang J-I. 2005. The role of the maritime industry in the Korean national economy: An input-output analysis . Marine Policy, 29: 371-383.

Lane D E, Stephenson R L. 2000. Institutional arrangements for fisheries: Alternate structures and impediments to change. Marine Policy, (24): 385-393.

Løvdal N, Neumann F. 2011. Internationalization as a strategy to overcome industry barriers—An assessment of the marine energy industry. Energy Policy, 39(3): 1093-1100.

Ma H. 2008. The Influence of Sea Power upon History(1660-1783). An C R, Cheng Z Q. Trans. Beijing: Liberation Army Publishing House.

Magnus A, Ngoile K, Linden O. 1998. Lessons learned from Eastern Africa: The development of ICZM at national and regional levels. Ocean and Coastal Management, 37(3): 295-318.

Managi S, Opaluch J J, Jin D, et al. 2005. Technological change and petroleum exploration in the gulf of Mexico original research article. Energy Policy, 33(5): 619-632.

Mc Connell M. 2002. Capacity building for a sustainable shipping industry : A key ingredient in improving coastal and ocean and management. Ocean & Coastal Management, 45(9): 617-632.

Richards J P, Glegg G A, Cullinane S. 2000. Environmental regulation: Industry and the marine environment. Journal of Environmental Management, 58(2): 119-134.

Samonte-Tan G P B, White A T, Tercero M A, et al. 2007. Economic valuation of coastal and marine resources: Bohol marine triangle, Philippines. Coastal Management, 35(2): 319-338.

Schaefer N, Barale V. 2011. Maritime spatial planning: Opportunities & challenges in the framework of the EU integrated maritime policy. Journal of Coastal Conservation, 15(2): 237-245.

Schittone J. 2001. Tourism vs. commercial fishers : Development and changing use of Key West and Stock Island, Florida. Ocean & Coastal Management, 44(1-2): 15-37.

Verdesca D, Federici M, Torsello L, et al. 2006. Exergy-economic accounting for sea-coastal systems: A novel approach. Ecological Modelling, 193: 132-139.